打造理想的家

天花板 地板
。设。计。

漂亮家居编辑部 著

江西科学技术出版社

目录

设计公司名单

AYA Living Group
台北 02-8771-3555 高雄 07-335-0775
CJ Studio陆希杰设计 02-2773-8366
CONCEPT北欧建筑 02-2784-8889
KC Design Studio均汉设计 02-2599-1377
TBDC台北基础设计中心 02-2325-2316
九思室内建筑事务所 07-554-8200
上阳设计 02-2369-0300
大雄设计Snuper Design 02-2658-7585
六相设计 02-2325-9095
日作空间设计 03-284-1606
水彼空间制作所 02-8626-8501
水相设计 02-2700-5007
王俊宏设计 / 森境建筑工程咨询（上海）有限公司

02-2391-6888
本晴设计 02-2719-6939
甘纳空间设计 02-2775-2737
石坊空间设计研究 02-2528-8468
形构设计 02-2834-1397
沈志忠联合设计 / 建构线设计 02-2748-5666
邑舍室内设计 02-2925-7919
亚维空间设计坊 03-360-5926
奇逸空间设计 02-2752-8522
尚展设计 0800-369-689
尚艺室内设计
台北02-2567-7757 台中04-2326-5985
明代室内设计
台北02-2578-8730 桃园03-426-2563

明楼室内装修设计有限公司　02-2745-5186
杰玛室内设计　02-2717-5669
欣磐石建筑·空间规划事务所　04-2317-7268
法兰德室内设计　桃园03-379-0108
台中04-2326-6788　宜兰039-680-150
近境制作　02-2703-1222
金湛设计　03-338-1735
拾雅客空间设计　02-2927-2962
界阳&大司设计　02-2942-3024
相即设计　02-2725-1701
原木工坊　02-2914-0400
原晨室内设计　02-8970-4007
浩室设计　03-367-9527
曾建豪建筑师事务所 / PartiDesign Studio

0988-078-972
里心设计　02-2341-1722
鼎睿设计　03-427-2112
境庭国际设计　台北02-2891-2666
桃园03-376-7988　台中04-2206-9267
演拓空间室内设计　台北02-2766-2589
台中04-2241-0178
德力设计　02-2362-6200
馥阁设计　02-2325-5019　02-2325-5028
怀生国际设计　0800-061-161
怀特室内设计　02-2749-1755
艺念集私空间设计　台北02-8787-2906
台中04-2381-5500
权释设计　02-2706-5589

第1章

天花板
×
造型语汇

不同造型的天花板，在无形中能赋予空间不同的风格形态。线板、木质素材打造乡村或美式风格。而铁件、水泥也"扶摇直上"，成为天花板造型的一环，为空间增添多样形态。

001　线板
展现精致细腻的感觉

图片提供：尚展设计

线板融入古典元素，无论是华丽繁复的雕花图案或是简单细腻的线条，都能打造不同的家居风格。一般线板要施工7~8层以上，且需精心设计每层线板露出的宽度和高度，展现精致细腻的感觉。

材质　PU塑料、实木。

工法　接缝处要密合，需多加一层底胶，使线板和壁面紧密接合，再以钉枪固定。

图片提供：KC Design Studio均汉设计

图片提供：摩登雅舍室内设计

002 自由曲线
线条奔放不死板

不论是弧形还是几何切面，都能为空间带来折线的视觉效果。多半是为了包覆、修饰空间中的梁体，透过曲线的设计，隐藏梁体的存在。柔顺的曲线富有韵味，让空间更具特色。但要注意的是弧形的曲度越大，施工越难。

材质	夹板。
工法	先以龙骨固定，找出弧形的高点和低点，再上夹板塑形后贴覆面材。

003 格栅
有效调节空间视觉效果

格栅的宽窄密度能调节空间视觉效果，在廊道、屋高较低或是小面积的空间中，格栅的间距必须要相对大些，减轻视觉上的沉重感，另可搭配间接照明，从视觉感受上提升屋顶高度。而格栅间距越小，本身实木的厚度就要越薄，才能有精致的感觉，且不易有压迫感。

材质	铁件、实木、木贴皮。
工法	将格栅直接固定于两侧实墙、结构体上，或是天花板先以底板包边，再将格栅固定于底板上。

图片提供：摩登雅舍室内设计

004 木梁
营造温暖木屋氛围

取于木屋桁梁结构的造型天花板，最初的作用是支撑屋顶结构，现今则普遍存在于室内作为遮蔽梁体的最佳装饰，斜顶的造型能创造如小木屋般的温馨空间。由于需牺牲部分屋高，一般建议空间高度需有3米以上才适合施工。

材质	实木、木贴皮。
工法	需事先找好倾斜角度，且木梁两端需分别固定于天花板或墙面，才能有效稳固。

005

005

沿着屋脊升起和降落　屋外枝叶扶疏，屋内以实木天花板呼应，刻意沿着屋脊的躯干设计天花板，轻轻依附其结构体的倾斜角度，使高度最大化，通透的巨幅落地窗，再次从视觉上扩大空间。

图片提供：鼎瑞设计

006

天花板隐藏空调设备，功能与美感兼具　双拼别墅的天花板有着无法避开的天花板大梁，运用规律、有秩序的几何造型达到修饰天花梁的效果，格栅式的天花板造型形成一条带状廊道，同时不着痕迹地掩饰空调管线出风口，也呼应了整体造型。

图片提供：王俊宏设计/森境建筑工程咨询（上海）有限公司·摄影：KPS游宏祥

006

木作天花板以染色处理的橡木钢刷木皮表现木质纹理，并将LED投射灯利用天花板之间的缝隙隐藏，营造剧院般的氛围。

007

007

层次造型呼应窗外层叠山峦景致 设计师以带有斜面的线条构成有如起伏山峦的天花板造型，一方面呼应窗外错落的山景，另一方面遮住无法避开的天花梁，每部分斜切面角度皆相同，利用错位达到层叠的效果，横向延伸的线条将视线引到远处，从视觉上扩大了空间。

图片提供：尚艺室内设计

008

天花板的弧面设计　　电视墙采用辛伯尼石材，表达出雄伟又辽阔的自然震撼力，仿佛是来到了海岸边，石英砖地面营造宁静的氛围，天花板的弧面曲线正好缓和了电视主墙坚硬质地的凌厉感。

图片提供：鼎瑞设计

要点　　自天花板延伸的弧面止于窗帘上端，恰如其分地将轨道隐藏于背后，自然衔接白色垂帘。

009

延伸到天花板的灰色阶梯　　水泥板从天花板往立面的壁面铺盖，把位于天花板和墙壁交界处的薄梁包覆住，壁面的下半段用烟熏橡木拼接，整体形成有高低差的阶梯，并以LED灯减轻墙体的厚重感，转换了视觉焦点。

图片提供：六相设计

要点　　仿佛有趋光性一般，电视机和沙发位置皆偏向落地窗，整体区域多了大片开阔空间。

010

010

简约线板层层相叠展现低奢质感

主要运用新古典元素，以白色为主色调让大面积空间更显亮丽。设计师在天花板上做了细腻的勾缝设计，加上对称修饰的大梁，让空间富有层次感，呈现华丽的古典质感。

图片提供：邑舍室内设计

011

裸露的天花板展现北欧率真风情

天花板直接呈现楼板灌浆的原始模样，粗犷纹理与北欧细致质感形成对比，具有很强的视觉冲击力。管线特意裸露，通过垂直水平的整齐排列，才不显凌乱。刻意拉出厨房的排油烟管，银灰色的管道呈现粗细不一的线条感，增加空间的原始感。

图片提供：CONCEPT北欧建筑

要点　整体以浅灰及白色为空间基调，在裸露的天花板上刷乳白色漆，呈现表面的原始纹理，维持素净且粗犷的空间面貌。

011

要点 除了折纸般的立体造型，内部间接光源的设计也恰到好处地提供了柔和照明。

012

012

如折纸起伏的立体天花板 在开放的公共区域，为了修饰天花板上的大梁，并营造出更宽敞的空间感，设计师选择有如折纸起伏的立体板来遮蔽并整合天花板，同时在客厅以几何三角的灯洞来创造目光聚焦点，也让天花板更加生动。

图片提供：金湛设计

013

拱顶长廊勾勒古典情迷 设计师在玄关区以拱顶长廊搭配蓝彩水晶吊灯，制造出特殊拱形光影，美如电影场景般的古典长廊让人错乱了时空，也让进门的宾客在此转换心情。

图片提供：尚展设计

要点 左侧成排百叶门片内为实用的鞋柜，兼具装饰与实用功能，同时也与细致线板相呼应。

013

014

蓦然眺望，最平整的包覆 从事高科技工作的业主选择面湖的房子，采用肌理明显的橡木作为常态生活区域的天花板材质，将此区的梁柱全部隐藏且平整包覆，留白的立面可悬挂画作，也能成为欣赏音乐的艺术展示空间。

图片提供：石坊空间设计研究

015

如宇宙虫洞般的奇异美感 借由切挖的手法打造2D弧形天花板，加上强烈的色彩对比，形成虫洞般的镂空效果，同时与拼接的地板相呼应，制造置身太空幻境的奇异美感。

图片提供：CJ Studio陆希杰设计

▼要点 橡木排列方向引导视线至窗外湖区，地面以45度斜角铺设大尺寸石英砖，形成地面交错的视觉效果。

014

▼要点 利用视觉错觉，让2D平面弧形成3D的立体感。

015

要点 刻意不包覆天花板梁柱，仅在部分需要安排管线设备的区域制作天花板，同时借助不同层次的天花板高度界定区域。

要点 天花板拐角处运用弧形板手工拼接做出导圆设计，并以纤细线条精准拼贴，让细节更耐人寻味。

016

017

016
材质对比创造空间美感　天花板及墙面保留建筑板模的手感纹理，让居住者从原始的材质中体会空间的纯粹美感，天花板也采用局部包覆的方式，从中安排居住应有的生活功能及灯光，并利用粗犷与细致材质的对比，对应出施工者和设计师之间的关系。
图片提供：沈志忠联合设计/建构线设计

017
线条创造廊道的层次美　这间房子有难得的3米屋高及玄关走道等格局优势，很适合在天花板上做装饰设计，但考虑到业主喜欢北欧简约风格，决定以简单利落的线条搭配天花板导圆角做装饰，层次渐进的造型加上地板石材的黑色线条营造出一点透视的延伸感。
图片提供：尚展设计

要点 借由天花梁划分空间区域，材质及色调配合整体风格，采用木皮及黑白色系，使空间造型更完整。

018

018
延续空间材质及配色，营造一致风格　设计师为宽敞的住宅规划了3条轴线作为空间布局的主要脉络，公共区域根据轴线安排，设置在轴线上的餐厅区恰好对应天花板梁的位置，除了配置餐桌，还为喜爱品茗的业主设置了专属的泡茶区，并利用对应空间的材质，在天花梁的位置设计造型，成为装饰空间的一部分。
图片提供：王俊宏设计/森境建筑工程咨询（上海）有限公司·摄影：KPS游宏祥

019

宛若质朴庄严的欧式教堂 利用屋高与空间大的优势，运用三道拱形拼接，长向延伸拉出空间尺度，创造欧洲皇室般的气势。简单的圆拱造型打破古典设计的印象，做旧效果与意象取用，展现更有内涵的古典底蕴。

图片提供：AYA Living Group

020

反客为主，高明的藏梁手法 客厅的正中央有十字钢梁，设计师化被动为主动，将十字结构不断复制，将横梁化为造型，构筑出具有结构张力的天花板造型。

图片提供：水彼空间制作所

 要点 水泥色泽特殊漆赋予天花板微微的斑驳感，而拱形角度创造立体感与阴影，搭配光线产生不同色泽。

019

 要点 在偌大的客厅里运用折板与格状结构划分客厅及走道区域，线与面的交错延伸具备隐性的界定功能，让空间显得十分大气。

020

要点 格栅形式的天花板设计，借由序列线条使视觉有向上及向左右延伸的效果，减少了压迫感。

要点 高低起伏的造型其实是为掩盖钢梁而设计的。顺应钢梁的不规则排列而斜切凹折，间接照明的开口像是纸被剪开后透出的光线。

021

022

021

格栅天花板减轻梁体的压迫感 格局根据空间轮廓与业主需求规划，餐厅与厨房的位置正好在天花板梁柱下方，为了避免产生压迫感，特意采用格栅修饰天花板，并从中延伸出另一个圆形造型，呼应象征团圆的圆桌，同时具有艺术感的设计也削弱梁体的存在感。
图片提供：王俊宏设计/森境建筑工程咨询（上海）有限公司·摄影：KPS游宏祥

022

折纸雕塑打造艺术长廊 玄关连接走道在入口处形成深邃长廊，搭配天花板起伏的折纸造型，打造雕塑般的视觉盛宴。天花板的折面引导视线的走向，增添行走其间的艺术乐趣。
图片提供：水彼空间制作所

要点 挑选可弯的软性夹板，折出不规则的曲面，考验师傅的工艺身手，不能太过死板，又要柔软得恰到好处。

023

023

仿造宣纸意象的山水之家 空间以一块如泼墨山水的大理石为主墙，除了如墨水晕染的沙发背墙，天花板的设计也选取"宣纸"概念，在一角制造出纸料吸收水气造成的卷曲弧度，带来一种如造纸般轻柔飘浮的感觉。
图片提供：权释设计

024

从天花板延伸而出的空间　图中一楼整排柱体与上方的横梁向后延伸，巧妙连接后端楼梯处的夹层区域，使夹层仿佛像是在天花板的梁体中挖凿出的一处空间，使空间虚实相生。

图片提供：CJ Studio陆希杰设计

要点　结合夹层量块与天花板的大梁，形成一气呵成的气势。

024

025

圆形天花板突显女性柔和特质　为迎合女性业主的需求，天花板造型以圆形设计取代四四方方的直角，增加线条的柔和度，除了新古典风最典型的白色基本色，还搭配使用灰色油漆，让天花板呈现跳色效果而不显单调。

图片提供：邑舍室内设计

要点　天花板的圆形造型及跳色处理，恰好与衣柜设计相呼应，使空间完整和谐。

025

要点 人造石造型壁面与天花板的制作需先做出底层骨架，再于现场铺覆、打磨，工期约为1个月。

026

026

金字塔浮雕环绕公共区域 以卢浮宫为设计灵感，将家中的客厅规划成品味绝佳的居家艺廊。设计师运用金字塔元素，利用人造石材质将其规划在客厅廊道壁面、落地窗上方、镜面不锈钢隔屏与电视墙上方，形成Π字几何造型的线性转折，形成无缝包覆、一体成型的视觉印象。

图片提供：界阳&大司设计

要点 硅酸钙板会有尺寸差，拼接时要平整，喷漆过程也需细心谨慎。

027

027

硅酸钙板超长线条带来视觉延伸感 在充当客厅、餐厅及书房的开放空间中采用硅酸钙板材质，借由宽窄不一的超长深蓝线条来加强空间的深邃感，产生拉长的延伸效果，贯穿整个公共区域的造型天花板，让空间更显得优雅、大气。

图片提供：欣磐石建筑·空间规划事务所

028

028

金属板材创造柔和浪花意象　为了在隐藏横梁的同时满足照明和制冷需求，以激光切割的冲孔板包覆天花板，顺着梁柱结构做出具有韵律感的波动造型，灯具与空调等功能设备就可以隐藏在冲孔铁网天花板的内部了。

图片提供：CJ Studio陆希杰设计

配合客厅电视墙材质，选用梧桐木皮作为部分天花板的材料，使空间彼此呼应。

029

029

温馨原木带来用餐好心情 开放空间运用梧桐木打造局部天花板的层次结构，制造飘浮与分离感，丰富空间情绪。再利用天花板加强嵌灯与造型吊灯的功能使用，为用餐创造出专属区域，带来用餐好心情。

图片提供: 曾建豪建筑师事务所/PartiDesign Studio

030

椭圆设计打造优雅风格 了解到业主喜欢弧形线条的优雅，特意以椭圆图形变化出专属的空间造型，并应用于墙面与天花板，尤其在天花板上设计出更加细腻、完整的椭圆图案，配合黑铁吊灯，打造空间中最为独特的造型亮点。

图片提供: 尚展设计

 为了表现出独特弧度，必须以线板仔细接续、拼贴，特殊的转折变化更显细腻感。

030

031

弧线巧妙掩盖穹顶高低差 客厅前后两侧的横梁有明显的高低差，为争取天花板的高度，在两梁间拉出一段弧形曲线，精密计算出最节省空间的弧线角度，分段接续骨架并覆盖两层弯曲线板，打造天花板完美曲线。

图片提供：KS Design Studio均汉设计

032

穹顶双臂展现英法风情 为打造业主喜爱的上海英法租界风格，设计师整合卧房两侧梁柱，幻化成一方开敞的穹顶，古典拱门造型经过精密的计算，让天花板维持在最高位置上，并以间接照明搭配染色橡木，打造飘浮天景。

图片提供：石坊空间设计研究

 以具有方向性的嵌灯搭配扩散型的吸顶灯，让光线随着曲线变化。

031

要点 开敞的穹顶自卧房一路延伸至铁门后的书房区，使浪漫的双臂得以完整拥抱私密区域。

032

要点　连接天花板及墙面的L形转折面以同一材质处理，划分了公共空间与私人领域，并刻意选择山形纹及直纹木皮混合搭配，呈现更自然的纹理质感。

要点　纵向格栅天花板具有延伸空间的作用，L形格局可多加利用。

033

034

033

木质廊道明确划分公私区域　从玄关入口处开始，打造一面延伸至走道尽头的木质长墙，运用隐藏门设计整合储物、收纳、电视墙及卧房出入口功能，同样的木质延续到天花板，同时修饰了空调设备和灯具。

图片提供：王俊宏设计/森境建筑工程咨询（上海）有限公司·摄影：KPS游宏祥

034

格栅天花板廊道加强延伸感　从玄关进入的廊道空间采用冂字形格栅天花板，艺术感浓厚，加上茶镜镜面的反射效果，不仅加强延伸感，同时有加倍放大主空间的效果。

图片提供：形构设计

要点　在白色的屋顶上运用带状山形纹白橡木和黑色灯沟，不但与深色木地板相呼应，也体现出了设计的连贯性。

035

035

带状木质天花板制造空间流动感　为了在视觉上增加空间长度，运用带状木质天花板呼应玄关区域及空间动线，与地坪的深色带相呼应，共同起到了延展空间的作用，天花板向上转折至二楼墙面，打造出一致且完整的挑高两层楼设计风格。

图片提供：权释设计

036

钢质天花板反射绿席暖意　以极精要的三种材质：不锈钢板、草垫、清水模，构成30平方米的单人住宅。不锈钢板天花板不仅能反射草席微暖绿意，还能将突兀的梁柱及紊乱的管线隐藏其后。

图片提供：本晴设计

▲要点 不锈钢天花板需人工植入钢筋，经水平测量与垂直校正，才可准确吊挂。

037

一条杧果色的蜜意走道　巨大十字梁横亘于空间中，设计师在强调中间大梁后，另一支横梁的存在感就会被削弱。将管线与风管安置在梁的凹凸缝隙中，以杧果色的塑料烤漆格栅进行被覆，梁的左右两侧贴上2厘米厚的白色层板，打造出亮眼造型。

图片提供：六相设计

▲要点 格栅的通透感消除了梁体本身的沉重感，杧果色的烤漆使其更加轻盈、活泼。

038

天花板与柜体的超亲密接触 以曲面皮层包覆左侧横梁，并将重量感通过柚木柜体延伸至地面，天花板切成两段，右侧半弧形天花板再次与柚木柜体紧密贴合，完美合奏出"接色"悠扬圆弧曲。

图片提供：KC Design Studio均汉设计

039

流动波浪完美修饰梁柱 由于空间有明显的横梁，而楼板又较低矮，因此利用波浪般的天花板造型予以包覆，在波峰波谷的巧妙韵律中消解梁柱的压迫感，同时也不会因此牺牲挑高。

图片提供：CJ Studio陆希杰设计

 一条条沟槽为房屋创造片刻呼吸感，也能藏入间接照明灯具和冷气出风孔。

038

 以连续的曲面设计，打造如波浪般起伏的天花板造型。

039

▲ 要点 梁柱不加修饰，反将木色天花板部分延伸至店外骑楼顶部，在第一时间吸引行人注意力。

040

040

材料如原料，自然不加工

为彰显空间"原料天然"的诉求，设计师基于减少二次加工的想法进行规划，采用一般作为柜体基础材料的松木合板来装饰屋内的天花板，吊灯下方的柜体表面亦以此材质包覆，传达温暖纯粹的概念。

图片提供: 六相设计

041

水草悠游、自在人生的意喻

将退休夫妻的喜好体现在空间的设计主题之中，因此将延伸水草形态融入天花板设计，以水波线条，勾勒出宛如水草摇曳的空间结构，让两人悠游自在的生活状态通过住宅设计体现出来。

图片提供: CONCEPT北欧建筑

▲ 要点 运用曲线造型表现水草在水中飘逸自在的状态，而光带营造的光影让流线更加生动。

041

△ 要点 造型天花板的起首和末端皆采取"间隙退缩"的手法，让间接灯光有
更大的发挥空间。

042

042

如山形般起伏呼吸　此房屋梁很高，在空间重整后，打掉
一间房，梁体反而更加明显，借由电视墙粉饰天花板的高低
差，以弯曲夹板材料被覆，首先拉出最高点、次高点，再考
虑起始处，用天花板造型呼应窗外山景。

图片提供：相即设计

要点 不规则的天花板、壁面切割造型，需要标示精准的设计细节与尺寸，此外设计师最好能在现场监工以确保施工完整度。

043

043

钻石型切割打造"超跑住家"

为了热爱并珍藏多辆超跑的业主，设计师花了七个月时间规划、施工"超跑住家"。跳脱水平、垂直的传统概念，让天花板与壁面形成钻石切割的流线转折角度，搭配人体工学座椅与203厘米弧形电视，享受在家就像坐在驾驶座中的定制体验。

图片提供：界阳&大司设计

要点 为了解决楼高所形成的光衰问题，除了沙发旁的立灯外，两侧在约220厘米高处装设镀钛铁板与亚克力板做成的灯箱，作为辅助照明。

044

044

农舍原型激发斜顶天花灵感

房屋原型为农舍，改建时特别保留原有的斜顶骨架并喷黑，让原有的建筑精神与传统延续下去。由于天花板最高处为5米，除了两侧间接光带外，更于中央H形钢梁做投射灯设计。

图片提供：奇逸空间设计

▲ 要点　大理石电视墙顶天立地，气定神闲地将原本看似一体的天地一分为二。

045

045

天地木材上下呼应　质地纯粹的梧桐木因含有链锯痕，肌理仿佛诉说着材质本身的故事。在天花板和地坪上完整地使用，空间的尺寸被大幅舒展开来，注入一股温暖力量，营造出轻松怡然的氛围。

图片提供：鼎瑞设计

046

让天花板如盖子般被扭开　天花板就像是空间的盖子，用交叠的纸张意象诠释天花板，借由板块层次的升降错落、移位与悬浮，让空间的盒盖仿佛被扭开一般，挑战着人们对于内与外、平面与立体的观念。

图片提供：CJ Studio陆希杰设计

▲ 要点　管线与出风口融合在天花板造型层次所产生的缝隙中，化身无形。

046

047

删减法的装修法则 不要层板，除去装饰，仅在水泥材质上使用薄薄一层的混凝土装饰涂料，展现出真实的自然纹理。壁面如法炮制，成为电视背墙的"上眼睑"，白色超耐磨木地板和电视本身就像黑白分明的迷人眼眸。

图片提供：六相设计

048

善用固定梁体界定空间范围 梁柱恰好可分隔空间，天花板的横梁和长形餐桌上下对应，区隔了客厅、餐厅及书房。而大梁的包覆采用两面明镜，让空间在镜面之下更有延伸感。

图片提供：形构设计

▲要点 去中间化的设计，电视墙偏右，天花板上特意缩短的管线向左拉拢，平衡画面。

047

▲要点 天花板的横梁居中时，可用镜面包覆材质创造空间延伸性。

048

视听空间不需要过于明亮的光源，因此利用电视墙的间接光源、天花板嵌灯及立灯互相搭配，让功能与气氛兼具。

黑色色块不仅让空调出口不明显，也因露出更高天花板而更显深邃。

049

050

049

木材质包覆视听空间，创造良好音响效果　考虑到视听空间的音响效果，选择以木材质包覆天花板及墙面，设计出深浅不一的表面层次，让声音在凹凸面中创造出更为立体的视听效果，并特别选择山形纹理的梧桐木皮，让鲜明的木纹衬托出空间质感。
图片提供：尚艺室内设计

050

黑白几何为大梁完美遮瑕　通过黑与白的对比映衬以及高低差设计，一改传统天花板的呆板，同时也将原本床头大梁隐藏在白色降板区内，而黑色升高区则保留了屋高，避免产生压迫感。
图片提供：浩室设计

制作两种高低不同的方形天花板，让格状线条不显呆板，形成错落有致的居家装置艺术。

051

051

高低错落格栅巧妙修梁　餐厅天花板以超立体的格栅天花板与客厅单纯封板做区隔，令开放的客厅具有不同风景，明显分隔出不同功能区域。施工过程是直接在裸露的天花板上固定格栅，厚度约与厚梁齐平，达到装饰与修梁双重效果。
图片提供：怀生国际设计

052

龙骨格栅成为独特装置艺术　艺术感十足的木格栅天花板设计，运用前卫、现代手法，解决天花厚梁所造成的高低差问题。装设格栅前需先规划管路，紧接着将天花板封板处理，并装设嵌灯，最后再钉上格栅。

图片提供: 怀生国际设计

053

深长廊道天花板以曲线增加层次　廊道天花板一路从客厅延伸至餐厅，带状动线深长，视觉上易显单调。设计师融合新古典风格的曲线线板，加上弧形墙面，创造柔和层次感，让廊道不再显得呆板。

图片提供: 大雄设计Snuper Design

▲要点　格栅以龙骨拼组而成，以横梁为界线做出一组组的独立格栅，完工后再固定于天花板。

052

▲要点　天花板曲线线板化解长廊过深造成的视觉上的单调感，灯轨线条赋予层次。

053

要点 天花板的白色基调、水泥裸梁及巧藏空调出风口的铝格栅，展现多层次的灰白对话。

054

054

T字梁的裸露设计 三十年的房屋有着多梁、梁低和梁柱大小不一的情况，若以梁的高度定做天花板，空间将有压迫不适感。以裸露设计为概念，将T字梁柱外露，采用本色水泥，抹平统一梁高，使天花板得以保留原有高度。

图片提供：石坊空间设计研究

055

利用天花板空间安置设备 度假别墅周围本身就有着优美的景致，在长形空间打造大面积的落地玻璃窗，并向上延伸出玻璃顶棚。为了让窗外景色成为空间主角，天花板仅以简单的圆弧收边柔化空间，其余则以简单设计隐藏电动窗及空调，让空间更为纯粹简明。

图片提供：王俊宏设计/森境建筑工程咨询（上海）有限公司·摄影：KPS游宏祥

要点 大面积的跨距落地窗设计，需考虑开窗的便利性，因此利用天花板空间设置电动窗的机械设备，并且不刻意设计天花板造型，以凸显窗外的景色。

055

056

绸缎般的天花板柔化空间边界　为了让天花板与床头墙一体成形，利用3D的R角计算达到无缝相接的效果，并且呈现扭转的立体质感。而隐藏在天花板夹缝中的灯光营造柔焦效果，使空间如被绸缎温柔包覆一般。

图片提供：CJ Studio陆希杰设计

057

灰黑的镜面，放大空间又时尚　餐厅上方的十字钢梁本应是空间的视觉阻碍，在底面贴上灰色镜面，并借由中岛吧台呼应上下的矩形关系。而十字的线形设计与客厅的方格对应，空间就在垂直交错的视觉中无限扩大。

图片提供：水彼空间制作所

要点　透过R角计算，打造扭转的数字雕塑质感，灯光更带来柔焦效果。

056

要点　梁面上的灰镜不只强化时尚感，也具有反射延展空间的效果。

057

要点 柜体和天花板接轨，下方悬空，侧边更悬挂特色灯具，使隔间相互联结又各自保有私密性。

058

要点 局部天花板规划于座位区，即使稍稍压低天花板高度也不影响使用的便利性，折纸手法更能有效地转移头被梁压的注意力。

058

虚与实的对应透视 在玄关设置一个双面的矮柜，面对客厅的白色吊柜结合收纳功能，同时嵌入业主的木雕艺术收藏品，两侧拼接咖啡色的胡桃木，并拉出一个ㄇ字形的门拱造型，大气而沉稳。

图片提供：相即设计

059

059

双色折纸概念天花板 房屋主要采用裸露天花板设计，仅在靠墙的厚梁侧做局部修饰。设计师运用双色折纸概念，将柚木、栓木两种深浅色系拼组成沙发休憩区，再搭配轨道投射灯与立灯，宛如舞台一般地成为全室焦点。

图片提供：怀生国际设计

要点 将PVC地板材切割为细长条状，再一个个拼贴出人字形，四周框架以木作喷漆做出仿黑铁般的质感，增加整体的细腻度。

060

060

木纹拼贴隐性创造游戏区域 92.4平方米的新房，设计师在玄关通往客厅及餐厅的过道上，借由材质转换与框景效果规划出游戏室，同时发挥设计师善于运用材质的强项，将平凡无奇的PVC地板由壁面延伸至天花板，透过抢眼的木纹肌理，打造开放空间最醒目的焦点。

图片提供：怀特室内设计

061

062

061

网格放大的巧妙包覆感　以"安全网"的概念打造孩子的游戏空间，从天花板到墙面如一张放大的网格状结构，同时也像是一件大型玩具模型。除了造型新颖外，也具有展示层架与游戏的功能。

图片提供：CJ Studio陆希杰设计

062

钻泥板铺底衬托灯饰线条美　一开始便确定以"原始"作为设计主题的音乐教室，因拥有挑高建筑与多层次格局的优势，而让天花板成为焦点的设计主题之一，而设计师选择的钻泥板建材也不负重任地将自然元素融入空间，带进生命气息。

图片提供：金湛设计

063

063

大面积板材创造空间延伸效果　用白橡木修饰天花板梁体，穿越横梁的错觉增加趣味性，也使空间的连续性更强。水平面上的黑色线条运用木作刷黑制造出仿铁效果，呼应下方垂直的H形钢，在横向与纵向上皆有所对应。

图片提供：AYA Living Group

064

运用特殊材质搭配灯光营造空间氛围 小面积住宅利用纯熟而简练的规划手法让空间放大，因此在经过玄关后的公共区域置入一张长480厘米的大餐桌，兼做吧台，并刻意压低天花板高度，创造一个由压缩空间进入宽敞空间的落差感受，并让视觉焦点集中在此处，同时混搭不同材质，营造独特的空间氛围。

图片提供：沈志忠联合设计/建构线设计

065

简单木梁打造乡村风格 不用大动土木也能设计出有特色的天花板，设计师运用等距的多根木条在天花板上打造出木梁造型，锻铁材质的吊灯装饰与两侧轨道灯相互辉映，让乡村风的陈设装修更出色。

图片提供：原木工坊

要点 压低的餐厅天花板内隐藏了空调设备，选较少人会采用的铝板铺设，让光影透过光线的照映微微反射光晕。

064

要点 木与石是乡村风常见的材质，透过木梁天花板的映衬可让石墙风格更强烈，凸显深刻纹理。

065

要点　天花板收边材质选用镀钛金属，做工细腻，无形中提升空间质感。

066

066

镀钛金属收边，质感更加分

天花板采取平钉方式，加上不规则的大小切，切割线条的勾缝让维修孔完美隐藏，让大面积空间简洁而不失造型感。另以不锈钢镀钛玫瑰金属收边，更富于质感，让材质的张力自然流露。

图片提供：欣磐石建筑·空间规划事务所

067

镜面包覆横梁引进户外窗景

顺着天花板格局以黑色包边，并采用镜面包覆横梁，打造充满线条美感的现代风格，同时能化解梁体的压迫感。而且由于房屋周边布满绿化景观，灰色玻璃镜面可以映照自然环境，为空间构筑视觉亮点！

图片提供：大雄设计Snuper Design

 要点　灰玻包覆梁体，一则作为空间分界，二则可借由镜面带入绿意。

067

068

天花板折板曲线连带灯轨打造延伸效果　餐厅天花板弯折线条与嵌灯轴线，搭配曲线斜角连接的冷气管线凹折，形成细微的波浪造型。对应长形桌体及中岛台面，加上吊灯的悬浮感，打造出延伸的视觉效果。

图片提供：大雄设计Snuper Design

069

块状拼图的秘密约定　餐厅区域的天花板、壁面、地面使用同样的柚木木皮，以多元的表现形式增加空间的层次感；餐桌侧边的白色墙采用立面、平面都有变化的块状拼图设计，并延伸至木色天花板，仿佛进行着秘密的约定。

图片提供：相即设计

 要点　天花板弯折线条与黑色灯轨轴线延伸视觉效果。

068

要点　对称手法设计铁件条状格栅，搭配嵌灯、出风口及定制的餐桌吊灯，一气呵成。

069

要点 配合现有毛坯的水泥材料，进而延展到空间的墙面上，运用同样灰色调的水泥粉光和染灰木地板，延续天花板的水泥风格。

070

伴随时间产生的细腻变化 水泥天花板的原生特质能够创造伴随时间养成的细微变化。从素朴的水泥天花板出发，经由白色背景相连，映衬水泥粉光的主墙，搭配古典及现代设计风格的家具，将粗犷提升到更高的境界。

图片提供: 甘纳空间设计

071

曲面金属板包覆空调风口 以曲面金属材质包覆空调出风口，同时将天花板设备管线集中隐藏，金属光面形成的镜面效果，与水泥色墙和深木色家具形成对比，巧妙为空间带来亮丽动感。

图片提供: 形构设计

要点 适度包覆空调出风口，金属材质也能让工业风灵活应用。

072

天花板造型划分客厅、餐厅 客厅与餐厅以开放式手法在视觉上串联。客厅天花板采取分割线，在柔和色调中增加活泼视觉感；而餐厅的天花板作为隐藏的灯光焦点，极适合搭配古典雅致的吊灯，吊灯从富有层次的天花板垂下，营造舒适的用餐氛围。

图片提供：邑舍室内设计

073

利用天花板材质融合空间风格 整体公共区域以天花板造型进行划分，从书房到厨房以木格栅创造延展空间的线条，同时也缓和厨具不锈钢材质的冰冷感，客厅区域则以硅酸钙板设计出折板造型，独具前卫感。利落的造型与原木、空心砖等原始材质所营造的禅风，融合成当代的混搭风格。

图片提供：尚艺室内设计

要点 天花板刻意运用方圆不同的造型，除了赋予空间界定的功能外，边缘利用线板修饰，增添些许古典韵味。

072

要点 客厅天花板置入嵌灯作为光源，同时在侧边巧妙隐藏空调出风口，使天花板呈现完整而利落的造型。

073

要点 金属板的线条感与外部 Loft风格的天花板遥相呼应，勾勒出时代感。

要点 琴房与书房部分的天花板比客厅低，20多厘米的高低差用作容纳空调机体的隐形空间；灯沟旁的铝挤型出风口也随着灯勾画出美丽弧线。

074

075

074

金属装饰线条延伸出时尚味 位于二楼的独立办公室采用现代简约设计，并将具有时尚光泽的金属板由立面应用于天花板，体现出利落的线条美，除有装饰效果，也让天花板在视觉上因金属面的反射而有延伸效果。

图片提供：金湛设计

075

弯曲板打造三角琴造型天花板 房屋公共区域依照男女主人的工作性质分为客厅、餐厅、书房、琴房等四区，为了配合三角琴的长度有效规划空间，特别将隔间与天花板灯沟以弯曲板做出弧度，令空间不再呆板方正，呈现流线型的优雅风情。

图片提供：奇逸空间设计

要点 需先预估好线板天花板完工后的尺寸，让两侧端点接缝处保持完整不切断的对齐花纹。

076

076

三层线板框架修饰厚梁 26年老屋的餐厅上方有厚梁，梁下高度仅255厘米，为了消除单一区块天花板降低的突兀感，特意堆叠三层线板制作天花框架装饰，实现开放式客厅的隐形分割。此外，透过灰绿漆色从壁面蔓延至天花板，让立面线条水平延伸，达到视觉修饰效果。

图片提供：法兰德设计

077

岩石薄片L形包覆睡寝空间　将深浅不一的岩石薄片铺贴床头，延伸至天花板，搭配内嵌木格栅，打造倒L形的石纹拼花，在石材中穿插点缀温暖的木头材质，让业主躺卧在床上时，仿佛置身在清新舒适的大自然中。

图片提供：怀生国际设计

078

渐层不对称格栅修饰厚梁　为了修饰玄关入口处右侧横梁，设计师在梁上铺贴灰镜，同时将天花板由左往右倾斜，上方以方形铁件做线型格栅，以黑色线条的粗细渐层变化和错落有致的长短变化，展现丰富的视觉层次，为空间注入活力。

图片提供：界阳&大司设计

▲要点　超薄的岩石薄片甚至能够达到弯曲效果，可利用AB胶粘贴于平整表面。

077

▲要点　格栅利用方形管30度、60度、90度等不同的转向角度，让整体线条更加灵动。

078

要点 将天花板的白橡木染深，配合实木柚木地板，维持整体和谐的色阶。

079

079

恬淡乡居的悠然岁月 天花板底部的木质材料铺排与宛如木梁的木结构，特意仿造了木屋场景，体现出乡村小镇的度假情怀。选用乱纹的白橡木诠释自然气息，并以横向拼排为底搭配垂直的木梁，纵横交错的细节设计体现出层次感。

图片提供：AYA Living Group

080

实木立体格栅展现巴厘岛自然感 巴厘岛风格的室内空间设计，采用深色实木及米字形立体格栅交错造型，并和木地板及木百叶相呼应，营造混搭温润日式禅风，让空间呈现南洋情调的自然气息。

图片提供：邑舍室内设计

要点 巴厘岛风格的天花板搭配蚕茧剑麻丝东南亚藤艺吊灯，呈现浓厚的南洋风味。

080

081

自然温柔的区域分界　开放的客厅、餐厅运用书柜及吧台进行区隔，纯白色系与深沉的木头质地也在天花板上涂抹了隐形的界线，为空间的属性做了注解。此外，木材的铺排还完美隐藏了吊隐式空调。

图片提供：曾建豪建筑师事务所/PartiDesign Studio

082

天花板高度变化让人感受不同区域属性　空间区域除了以墙面划分外，也可以透过天花板高度的层次落差，让人感受不同属性区域的变化。串联寝居空间的廊道以压低高度的手法，凸显卧房空间的开阔宽敞，也利用简单的角度转折隐藏天花板梁和空调。

图片提供：沈志忠联合设计/建构线设计

 要点　运用榆木铺陈，并将天花的维修孔隐藏于木皮的分割线之间，给予天花板完美的平整性。

 要点　对应整体空间自然材质的运用，将廊道天花板使用的木材延续至卧房内，完美地呼应户外的自然风光。

083

结构中不同材质的展现 梁柱不一定等于缺陷，通过细致的解构也能重塑天花板的结构之美，主梁以胡桃木三面包覆，跨越客厅、餐厅等公共区域，第二层的天花板如白色奶霜般轻柔的垫被，对应餐桌的条状天花板区域，通过手工方式涂上黑色特殊漆。

图片提供：石坊空间设计研究

要点　不同空间有不同的个性特征，重新彰显结构本体的美，让天花板成为吸睛的焦点。

083

084

如熨烫过的灰色原野 为传达自然不造作的理念，设计师选用水泥材质的天花板，保留槽板不另外加工处理，强调质朴真实的空间个性，其表面的张力、纹理的痕迹，使原始的气味弥漫于空气中。

图片提供：鼎瑞设计

要点　地面以相仿的巴西宝蓝天然石铺设，与天花板的粗犷自然有戏剧性的互补效果。

084

085

085

图书馆天花板营造安静氛围　不喜欢淡如白水，也不爱过度繁复感设计的业主，不妨选择素雅的图书馆式天花板，源自于美式经典风格的比例与造型，搭配木百叶窗等场景画面，特别能显出书卷味的人文气质。

图片提供：尚展设计

086

视觉错觉，强化空间深度　使用木纹肌理鲜明的梧桐木覆盖在梁底端，成功掩饰了大梁的存在。同样的设计元素持续向下延伸至吧台，形成放射状的视觉延展效果，充满趣味性。

图片提供：曾建豪建筑师事务所/PartiDesign Studio

▲ 要点　客厅区域特意让消防管线外露，争取室内高度，漆成白色融入底端的天花板，存在于梧桐木旁边，显得低调而自在。

086

087

088

087

金属和木作异材质搭接冷暖和谐
小面积空间由于地板未区分界面，因而利用梁体界定空间区域。天花板采用镀钛板、木材佐以利落的黑线灯沟交错，赋予利落的线条之美，让空间更具层次变化。
图片提供：大雄设计Snuper Design

088

木梁结构达到修饰与塑造氛围的效果　以美式乡村风格为主题的住宅，从玄关开始即充分融入乡村风经典元素，天花板以木梁结构铺排，除了让氛围更为浓郁，同时也有修饰大梁、配置间接照明的作用。
图片提供：亚维空间设计坊

089

089

不规则天花板转折连接功能区域　应业主需求，在玄关与客厅间规划了餐厅区域。餐厅上方的木纹天花板向玄关延伸，拉阔进门视觉、不显局促。客厅的局部天花则顺着粗梁，加宽转折至厨房，除了可隐藏间接灯光外，不规则的线性设计更与餐厅天花板形成联动的视觉效果。
图片提供：九思室内建筑事务所

要点 因梁柱导致格局配置琐碎，可利用茶镜和颜色变化分隔空间区域。

090

要点 墙面选择水泥板来呼应天花板的泥作与工业风格。

091

090

茶镜包覆梁柱既修饰又吸睛 利用天花板对区域进行分隔，在视觉上将空间放大，上方梁柱则利用茶镜包覆，透过镜面的反射映照，将梁柱的存在感降到最低，再搭配黑色的梁柱，让所有直线都有延伸效果。

图片提供：欣磐石建筑·空间规划事务所

091

裸色泥作让浴室吹Loft风 将业主偏爱的Loft风格由公共空间延伸进私密生活区，就连浴室也仅在泼水区以马赛克砖墙做保护及装饰，至于天花板与高墙面则裸露出水泥原色，用质朴色调让粗犷原始感更明显。

图片提供：浩室设计

092

圆与圆的上下呼应　原本横梁的存在让餐厅位置的比重失去平衡，借由梁上的圆形造型定位餐厅区域，同时为遮蔽右侧另一根梁，做局部包覆并绕出方框，形成天圆地方的好意象，周边以线板绲边让造型更加精致。

图片提供：境庭国际设计

大圆之下叠上小圆，再与水晶灯的圆形灯座堆叠出同心圆，展现丰富视觉层次。

092

093

天花板曲线收边柔和空间线条　虽然梁体较大，但恰可透过天花板高低差与横梁来界定区域之间的使用范围，而在餐厅空间刻意采用柔化修饰的天花板线条，天花板曲度内折收边，悬吊灯饰更添温和氛围。

图片提供：大雄设计Snuper Design

天花板曲度收边，柔和的线条折线可修饰梁体。

093

要点 定制风管利用钢条悬吊于天花板，并以膨胀螺栓打进楼板，确保居家安全。

要点 仅局部封板的木质天花板造型可显现实际屋高，避免屋顶全部被压低。

094

095

094

超粗犷！定制大型风管贯穿全室 大面积工业风住宅光客厅与书房就超过66平方米，为了保证空调的制冷效率，定制方形风管设置于厅区天花板的正中央，并于管身两侧直接开孔作为出风口使用。而灯具、线路则要注意保持平行，配衬未经处理的黄灰色板模天花板，表达粗犷与功能兼具的风格诉求。

图片提供：法兰德设计

095

半遮木天花板巧妙保留屋高 公共空间因为将天花板上十字交叉的大梁转化为格局定位线，使梁的体量弱化不少，但从吧台上方经过的低梁仍有压迫感，为改善状况特别在餐桌上方以木条做局部封板，减少梁与屋顶的落差，也增加温暖感。

图片提供：浩室设计

要点 为了在梁上规划间接灯光，需增加12～15厘米龙骨宽度，借此隐藏灯管。

096

096

松木格栅诠释粗犷美式工业风 房屋由原本的出租套房合并而成，为了消除天花板直横交错的RC粗梁压迫感，设计师采用长松木实木做格栅设计取代天花板封板，为全室粗犷的美式工业风带来自然清爽的感受。

图片提供：九思室内建筑事务所

要点 在天花板和柜面事先预留铺陈草皮的沟槽，贴覆时才能呈现平整一致的视觉效果。

要点 造型板的切面对应到料理台前方，考虑到使用者感受，在板材边缘削斜角，降低锐利感。

097

098

097

茵茵草地让梁的存在变可爱 在大梁横亘的空间中，在梁体侧面加上斜向造型，缓和梁体与平面天花板的高低落差，减轻视觉的沉重感。同时在梁下嵌入人造草皮，延伸至墙面的设计，让平面、立面连成一线。净白的空间中注入自然绿意，创造闲适优雅的生活空间。

图片提供：CONCEPT北欧建筑

098

考虑使用者感受的斜切天花板 为了削弱料理台上方横梁的存在感，同时隐藏排油烟管，将两者藏在折板内，安排间接灯光制造出飘浮感。将料理台的位置对应到梁，把其余的天花板留给会走动的空间，台面上方的造型设计更加合理。

图片提供：杰玛室内设计

要点 使用硅酸钙板设计出类似木地板的线条分割后上漆，突显倾斜造型的天花板质感。

099

099

为单调的平板天花板设计新出路 遇到床头有梁的状况，除了平行封住天花板来隐藏梁，换个角度也能创造不一样的平板天花板！运用挑高的优势，取斜线往外拉伸，塑造出斜面天花板，增添空间的趣味性。

图片提供：曾建豪建筑师事务所/PartiDesign Studio

100

简单楼中楼天花板保持空间开阔 因是小面积的楼中楼，楼板高度较低，所以天花板造型尽量简化处理，且暗藏灯槽和冷气出风口等必要设备功能，以便让空间设计焦点在不锈钢条引导的楼梯上。

图片提供：形构设计

101

间接光源设计营造舒适休闲感 为了营造出有如山林木屋般的休闲空间，采用木材、清水混凝土、玻璃及板岩等天然材质。天花板呼应格栅式门片，选择树木节点明显的杉木铺设，并且以线条式的间接光源创造均匀亮度，使室内及室外光线不会有太大差异。

图片提供：尚艺室内设计

 楼中楼的楼板较低，应避免天花板造型及设备配置太复杂。

要点 线条加上斜面的间接灯光设计，是利用灯光折射特性，发散出一致的光线，同时使空间给人的感觉较为柔和。

承接弧形的天花板造型，化方角为弧角的魔术手法形成空间的统一风格。

利用白色减缓设计感过于强烈的天花板，并淡化极具分量的造型带来的压迫感。

造型天花板选用粗犷、木纹明显的梧桐木，让视觉焦点更为集中，减少对梁柱的关注，再将其延伸到墙面，以大地色调与户外绿意作为呼应。

102

完美的倒角设计　舍弃一般的线板设计，设计师以硅酸钙板配合弯曲夹板，在墙面与天花板之间拉出倒L形的特殊弧形转角，原本碍眼的梁柱，顿时消失无踪，只剩下美丽的角落。

图片提供：KC Design Studio均汉设计

103

打破传统的立体天花板　延续方正的设计概念，天花板以数个几何造型的木材拼组而成，为体现其立体感及趣味性，拼接时刻意采用高低不一的排列组合，颠覆天花板即是平面的想象，也让平凡的空间更添话题性。

图片提供：拾雅客空间设计

104

梧桐木质天花板连接餐厨、修饰十字梁　楼中楼住宅的餐厨空间面临十字梁的困扰，也难以规划灯光，因此设计师利用梧桐木造型天花板连接餐厨空间，并且通过灯具安排带来不同的空间氛围。

图片提供：日作空间设计

105

落羽松实木打造轻木屋风情 以业主喜爱旅行为灵感，撷取异国的建筑元素予以简化，挑高客厅以实木板与木梁构造，利用轻薄净白的天花侧板收尾，打造出轻木屋的意象，另一方面特意搭配有机线条吊灯，试图打破过于工整的空间框架。

图片提供：日作空间设计

106

人字屋顶的层层暖心包覆 客厅以挑高方式规划，利用大地色系制造温暖气氛，由立面延伸转折，创造富有层次的斜屋顶板块，完美收纳梁柱、投影设备、空调与灯具，圆柱及屏风则区隔出玄关及生活区域。

图片提供：TBDC台北基础设计中心

▲ 要点 中间的木梁刻意打沟处理，淡化梁体的厚实感，而落羽松实木板的选用则是与屋外公园的落羽松林相呼应。

105

▲ 要点 具有层次感的人字屋顶于两侧以间接照明削弱沉重感，彰显活泼个性。

106

要点 环圈镂空造型的吊灯，瞬间拉出天花板的高挑身段。

107

原本如木，造型随形构建 利用原结构做木饰包覆，争取卫浴空间的高度，凸显天花板的强烈个性；同时考虑功能性和视觉效果，区分为由天花板木饰面延伸至墙面的"干区"和采用石材自地面延伸至墙面的"湿区"。

图片提供：TBDC台北基础设计中心

108

层层叠叠创造层次 公共区域中间横着一根大梁，若以封平方式修饰，天花板高度会过低，让人有压迫感。于是以梁柱做界定，区隔出客厅、餐厅两个空间，同时又维持开放性，两个空间采用不同的垂直高度，打造不同于单纯封平的层次感。

图片提供：拾雅客空间设计

要点 线条复杂的天花板，应偏向使用单色，颜色过多容易扰乱视觉失去焦点。

要点 R角部分采用韧性较佳的可弯板材一个个裁切拼接出造型，最后再按一般天花板施工步骤刮腻子、上漆即可完成。

要点 电视墙上方立体层次的天花板制造出了手工纸飞机般的效果，也有让空间向上延展的作用。

109

110

109

R角造型天花板修饰大梁　以黑白灰等纯粹色彩勾勒而成的极简主义空间，原始客厅上端存有大梁，为了淡化过于垂直水平的梁柱线条，设计师运用R角造型修饰，转折而下的墙面则特意脱开约20厘米，扩大客厅视觉面积。

图片提供：水相设计

110

折纸造型天花板增加屋高、收纳管线　为了让客厅拥有开阔视野，设计师对客厅空间进行重新布局，由于沙发上端出现不可避免的大梁，因此将造型天花板一路贯穿至餐厨区，同时收整了空调出风口、嵌灯和设备电线。

图片提供：德力设计

要点 天花板颜色过重易产生压迫感，因此将波浪天花板漆上白色并安排少量光源，借此营造轻盈视觉感。

111

111

圆弧曲线创造空间律动　延续建筑体外观的曲线元素，在展示廊道的天花板上请木工一片一片拼接成波浪造型，借波浪创造空间的律动感，同时与门片上的弧线造型呼应，使空间设计风格更加统一。

图片提供：拾雅客空间设计

要点 在天花板位置安排间接照明，强调镜射效果的同时也削弱体量的沉重感。

112

112

镜面反射延伸垂直高度 从挑高空间分切而来的空间，天花板高度偏低，若采用封平处理压迫感会更强烈，因此一分为二，一部分采用镜面造型天花板，借由反射效果营造延伸开阔感，另一半天花板对应线形出风口以直线做造型，达到隐藏并美化出风口的效果。

图片提供：拾雅客空间设计

113

香杉实木天花板带来浓郁芳香
以奶奶喜爱的和风打造的独栋住宅，二楼书房一改传统日式建筑以芦苇拼接的方式，转为采用香杉实木，实木线条融合了传统和风精神，又带点现代味道，加之表面积大，也使得香味更为浓郁。

图片提供：日作空间设计

要点 实木天花板的线形走向与地板方向一致，利用线形设计可增加空间的透视感与立体效果。

113

114

以木为主题，串联天花板与地面 此为提供宾客聚会的空间，希望呈现自然放松感，设计师以"木"为设计主题，在天花板、地板和壁面使用不同的木材，营造出空间的治愈氛围，又展现木材的多样化。其中一面墙以混凝土打造出竹墙造型，极具特色之余也与空间主题相呼应。

图片提供：拾雅客空间设计

要点 混凝土竹墙与木天花板的接缝处需预留退缩线，让两种材质的接缝处更自然。

115

细胞体般的块状地图天花板 设计师以大地色系与纯白色系作为空间的主要基调，天花板的造型设计宛如有机的细胞体，无重力地飘浮在屋顶，利用不同的光源，同一颜色反映出不同的层次。

图片提供：TBDC台北基础设计中心

要点 间接照明引导动线，直接照明带出空间的纵深与层次，大地色调均匀温和地拥抱空间。

要点 裸露天花板虽然可省去封板的麻烦，但管线需细心整理安排，否则暴露凌乱细节，不但不雅观，还会让空间变得杂乱。

要点 利用木材做框线强调线条感，每个格子更以金属编织而成，细腻的工法堆叠出层层细节，因此才能呈现简约却不凡的质感。

116

裸露天花板争取屋高 由于原始屋高不够，因此设计师舍弃传统封板方式，直接裸露天花板，借此向上争取屋高，消除压迫感。乍看乱中有序的管线其实全部重新配置，统一漆成灰色，营造干净利落的视觉效果，偏冷的灰色调与色彩鲜艳的空间形成强烈对比。

图片提供：拾雅客空间设计

117

将抽象概念转化为具体形象 这是业主给长辈特别准备的卧房，因此设计追求方正圆满。靠窗处有避不开的梁柱，因此利用造型天花板做修饰，顺势也将偏长形的空间调整得较为方正，另外天花板嵌入方正格子，丰富原本素白的天花板，也隐含方正圆满的寓意。

图片提供：拾雅客空间设计

要点 弧形天花板部分采用可弯板做封板，并用蚊子钉接合，日后刮腻子上漆可更为平整。

118

缎带天花板隐藏设备与大梁 将原有三室合为两室，随之而来的问题是，客厅上方产生了井字梁，且高度层次不一。于是设计师通过天花板的造型与电视墙、展示柜的等齐轴线巧妙设计隐藏大梁，如缎带般的线条设计，一来有隐藏空调与全热交换器的作用，另一方面也让空间产生自然的律动感。

图片提供：德力设计

119

桧木天花板横跨客厅，贯穿居所 以温暖木材打造的放松居所，桧木自玄关壁面逐地而上，转折成为横跨中岛吧台上端的天花板，以室内外不设壁垒为概念，相同的材质串联居所的前后两端，创造出与天花板和谐统一的廊道。

图片提供：日作空间设计

要点 天花板侧边规划间接灯光，创造出如洗墙般的光影效果，投射于条状木条壁面更具温馨层次。

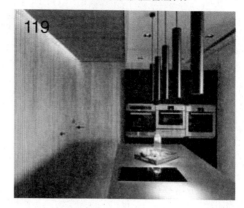
119

120

以木头自然纹理营造轻松的氛围 业主是高效的职场人士，紧张的节奏是免不了的，因此空间中更需要能够缓解压力的设计。设计师使用大量具有情绪包容力的木质纹理装饰天花板。放射状斜纹不仅让视线延展，也增加了空间的趣味性。

图片提供：馥阁设计

要点 天然木头纹理独一无二的图案，赋予它不可预期的丰富美感，能够让人随意想象，感受不同的造型趣味，同时衬托其他区域挑高的错层高低差效果。

120

要点 利用天花板与地板的分割与高低层次，区分玄关与生活区域。

121

121

天花板上的3D绘图造型 在全面考量
梁柱位置、空调摆放、照明布局、天花板
的最高点后，通过精密计算，在天花板上
绘制出3D模型。切割后的天花板对应着居
家空间中看似独立却又相互关联的区域。

图片提供：TBDC台北基础设计中心

122

创造焦点，弥补房屋格局的缺陷 由
于原始空间为不规则形状，因此天花板以
层层叠叠设计，营造光线与视觉的层次
感，以此逐一分散焦点，弱化屋顶的倾斜
感。漆色采用与壁面相同的白，结合立面
创造最佳延伸效果，给过于狭窄的长形空
间创造出宽阔的视觉效果。

图片提供：拾雅客空间设计

 要点 特意将天花板最低处从玄关开始安排，让人
进入空间后，产生渐渐开阔的视觉效果。

122

123

123

超跑专业赛道展现速度美感 从动力美学的经典概念出发，在品牌精神、专业赛道、车体流线中，以"超跑"元素作为设计主题，主导平面功能分区与空间架构，天花板墙面线条可见专业赛道轮廓，将速度与激情一一呈现！
图片提供：TBDC台北基础设计中心

124

立体分割产生秩序美感 为了呼应墙面的奔放线条，天花板运用高低差的立体分割线条，让视线延展至更深的内部区域，线条的导引使空间整齐、有序。客厅上方则以线板框住四周，利落地刻画古典线条，让典雅与现代科技融为一体。

图片提供：艺念集私空间设计

125

弧形天花板柔化空间线条 客厅旁是女主人的书房，与客厅无明显区隔，开放式空间保留宽阔感。天花板从客厅向外延伸，遇梁则绕行，展现优雅的弧形线条，有效柔化空间线条，两侧则以间接照明打亮，营造光影变化。

图片提供：王俊宏设计/森境建筑工程咨询（上海）有限公司

126

深色天花板稳定重心 为了营造自然清新的空间氛围，天花板、地板、壁面皆选择以材质的原始面貌呈现，几近墨黑的深蓝色天花板，展现极具个性的空间，与米白的文化砖墙形成对比，宛如艺廊般的宁静沉稳，塑造亲切、舒服的空间形象。

摄影：叶勇宏

127

原始凿痕展现复古怀旧 利用老屋原本的优势，部分天花板保留原始的凿痕，凹凸的施工痕迹与复古木格窗相互搭配，展现流动的时光氛围。为了统一整体风格，天花板和墙面全以白色铺陈，呈现利落的空间线条，也让屋高不高的空间不显压迫。

摄影：叶勇宏

128

木质天花板调和冷硬水泥空间 业主本身即为家装从业人员，亲自打造一体成型的水泥墙面和桌板，简约的线条与质朴元素让空间更显利落。同时设计大面积的木质天花板，为冷硬的水泥空间增加暖度，也与柜体相互映衬。

摄影：Yvonne

▼要点 管线直接裸露沿梁配设，增添粗犷感受。

127

▼要点 修饰木质天花板的边角，以45度的拼接，减轻压迫感。

128

要点 黑色吊灯与书墙壁纸起到转移视线的作用，成功弱化天花板的线条。

129

129

全白管线避免过多视觉干扰 设计师特意对天花板作封板处理，并将电路、空调、照明等多重管线尽量归纳至墙边或梁柱，减少视觉干扰，同时根据功能运用不同的白色材质做包覆设计，再搭配墙面壁纸转移视线，掩饰天花板的杂乱，形成工业感十足的空间构造。

图片提供：怀特室内设计

130

方块钢板的规律排列带来秩序感 由于业主偏爱带有工业风格的空间，梁两侧的天花板各运用不同的材质，粗犷的水泥涂层为空间增添自然韵味，另一侧则是运用黑铁拼组排列，创造具有秩序感的画面。水泥与黑铁的结合，让空间更富层次。

图片提供：大雄设计Snuper Design

要点 黑铁间隙留出灯槽位置，黑底的沟槽使光影对比更为明显。

130

131

132

131

古典元素塑造大气风范 客厅、餐厅和书房无隔断的设计使空间更为开阔大气。天花板运用几何线板层层铺叠，展现繁复的空间线条。书房背墙呼应过道墙面，加之边角修圆的优雅设计，营造出欧式古典的高贵氛围。

图片提供：摩登雅舍室内设计

132

连续切割面展现3D立体灵活度 设计师在设计室内挑高的复式住宅时，运用了对立分割的空间概念，将入口玄关与厨房中岛楼梯整理为连续切割面，使天花板折板形成3D立体效果，展现最大的灵活特性。

图片提供：近境制作

133

133

内退勾缝的深浅对比 业主喜好简约自然的空间氛围，因此以粗犷石皮铺贴墙面，营造宛若山中郊野的情境。墙面交错铺贴的设计也运用于天花板，设计师精算比例，以内退切割的深色线条创造块状并排的立体感，让人不禁驻足凝望。

图片提供：上阳设计

为呈现出天花板的开阔效果，事先需依据嵌灯留出适宜的尺寸，才能达到密合的精致收边。

要点 天花板和垂直面的柜体选用相同素材和拼排方式，让整体空间具有一致性。

134

135

134

倾斜的天花板为空间增添律动感 由于客厅区有一支大梁，因此运用实木素材沿大梁延伸转折，既起到修饰隐藏大梁的作用，也营造出如小木屋般的温馨氛围。而餐厅运用平顶天花板达到包覆空调机电设备和收整空间线条的目的。

图片提供：CONCEPT北欧建筑

要点 将钢筋围城一个个15厘米×15厘米的方格装饰天花板，刻意不上防锈涂料，展现随时间一同流逝的自然变化。

136

135

方格天花板展现优雅风情 玄关区墙面的高柜和上方的天花板使用纹理鲜明的木皮当作底材，再加衬木条，让规律又安静的方格帮助成员返家时完成情绪的转换。靠墙的高柜随机留下几个内退的灯光展示格，削弱大型柜体的压迫感。

图片提供：演拓空间室内设计

136

裸露水泥与钢筋展现粗犷韵味 梁柱运用水泥涂布，临窗处则直接使用现成的钢筋绑扎，交织出方格网状的造型，再一一组装上去，结构建材直接运用于室内，带来更多层次感、降低贯穿住宅横梁所带来的压迫感，还附加晾晒衣服的功能。

摄影：Yvonne

137

运用木皮温柔包覆梁体 由于空间不大再加上空间中有一支厚实大梁横亘，设计师用木贴皮包覆梁体，使之与木地板、二手木料墙面相互映衬，同时温润的木皮质感也温暖了极具工业感的空间。吧台上方并以木头打造乡村风外推窗，给粗犷吧台增添意外趣味。

摄影：叶勇宏

138

黑色灯槽绕梁而行 即便天花板本身不做装饰，也会因黑色铁件形成的蜿蜒灯槽而倍受瞩目，钢铁色泽的曲折线条与天花板上的原始梁柱结构如双轨音乐声线般地和谐延伸，指引出空间动线，也让空间展现出强烈个性感的工业风格。

图片提供：怀特室内设计

 要点 刻意选用清浅的木色施工，减少大梁造成的压迫感，也让空间不显沉重。

 要点 在裸露的天花板中将灯光与电路整合，同时加上钢板造型装饰，使灯光成为设计主角。

要点　折板天花板刻意留出转折线条，给人留下强烈的视觉印象。

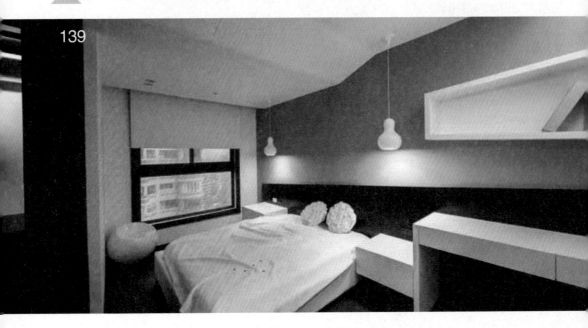

139

139

遇梁柔化空间线条　由于靠窗处有梁体，天花板顺梁做出折板，层层线条向上延伸，拉高空间高度。搭配灰蓝色系的墙面，体现中性的沉稳格调，辅以天花板的带状光线，使空间展现柔美风格。

图片提供：界阳&大司设计

140

灰阶入镜的线性美学　黑、灰、白为主的公共空间，散发着时尚洗练的魅力风情。设计师对于天花板的处理尤其利落，略微转折向上扬升的界面，拉出仰角带来视觉冲击，白色的基底加入黑色线性灯沟，与地面犹如条码般的地毯线条趣味呼应。

图片提供：演拓空间室内设计

要点　灯沟选用黑色烤漆，线条立即成型，也能呈现明暗的强烈对比。

140

141

十字带状天花板高贵大气　在大梁两侧垂直设置一道长形镜面，天花板呈现十字带状造型，场景瞬间变得大气高贵。镜面具有的反射特性使室内空间显得更为宽阔、舒适，并平衡了整体线条与视觉。

图片提供：大雄设计Snuper Design

142

现代石岩洞壁化暗为明　延伸进入室内的天花板折板，表现现代石岩洞壁的主题。客厅回归现代简约风格，将原有梁柱结构结合电视主墙，以量体切割的建筑方式搭配镀钛金属的材质，相互平衡。

图片提供：近境制作

 搭配灰镜的亮面素材，通过反射减轻深色的沉重感。

141

 木材的衔接处需先以黏着剂固定，再以钉枪加固。

142

要点 天花板不做多余包覆，让裸露的钢架在空中展现令人怀念的经典线条。

143

不加修饰的原始风格 在开放的空间中，天花板不做任何修饰，选用钢架、管线营造一种浓浓的怀旧氛围，呈现无修饰的原始素朴韵味。天花板再抹上一整面的深色涂料，有效稳定空间重心，自然展现出沉稳厚实的格调，让人在此流连忘返。

摄影：叶勇宏

144

格栅天花板适度收整线条 客厅以电视主墙作为空间的视觉主角，墙体采用不加修饰的粗犷石材，搭配嵌墙铁件层架，刻画出整道墙面的立体轮廓。天花板运用格栅铺排，细密的排列打造质朴的精致美感，也能有效隐藏机电管路，让空间立面更为完整。

图片提供：近境制作

要点 天花板特意选用黑色格栅，与家具、地面相呼应，也借此衬托墙面的主角地位。

▲ 要点 铺设天花板之前，工人已先整理好空调管线并刷上灰漆，因此透过具有穿透感的铁网，可以看到整齐分布在天花板的管线。

▲ 要点 尖形屋顶的造型有效制造空间拉深感，无形中空间变得更开阔。

145

146

145

造型天花板划分区域并创造空间层次 空间以横梁划分客厅及书房区域，客厅保留天花板高度并以投射灯提供照明，从书房到餐厅则以黑色铁网及木板打造天花板，在体现工业风格之余也隐藏空调管线，同时借由天花板高度变化创造空间层次，格状线条也增强了整体结构感。

图片提供: 尚艺室内设计

146

三角造型增添温馨童趣 三角造型天花板创造屋中屋般的情境，加上木材质又像到了童话里的树屋，温馨的生活氛围倍增。三角天花板和地板人字拼接方式相呼应，一浅一深的对比色，和餐桌椅色彩组合也形成对照。

图片提供: 近境制作

▲ 要点 在现有的排油管线外围再包覆一层镀锌铁板，不易生锈的表面可有效抵御油烟侵蚀。

147

147

镀锌铁板巧妙隐藏管线 空间一角规划了长排沙发区。沙发区上方刚好有自厨房向外延伸的排油烟管，设计师使用镀锌铁板进行包覆，在铁灰的背景中点缀金属光泽，颇有现代工业风的味道。

图片提供: KC Design Studio均汉设计

空间保留建材的原色，让清水模与水泥的灰成为空间主色，统一整体风格。

木头与板材用黏着剂接合，再以钉子加强固定效果。拼接处注意对纹，更显细腻质感。

148

149

148

格栅天花板点缀空间 整体空间采用沉稳的灰色统一格调，梁柱以仿清水模漆、水泥粉光等材质做出层次变化，选用灰色系地板，上下交相辉映，丰富视觉感受。过道天花板加入格栅设计，温暖木质为冷硬的灰色空间注入暖意。

图片提供：里心设计

149

表面纹理增加视觉变化 整体空间大量运用松木夹板，利用同样是由木材压制而成的OSB板穿插其中做点缀。OSB板与松木夹板搭配起来不显突兀，反而更能借由OSB板表面丰富的纹理，让围绕大量木材的空间具有层次感。

图片提供：六相设计

 虽然屋高仅有270厘米，但在日光充足且拉大木梁间距的情况下，也不会过于沉重。

150

150

有如木屋般的温馨氛围 由于业主偏爱温暖的乡村风格，因此选用木梁铺设整面天花板，打造出有如小木屋般的温馨空间，沉稳的木色带来自然的乡村风味。草绿色墙面则与沙发抱枕相呼应，为空间注入清新自然的气息。

图片提供：原晨室内设计

151

钢构天花板展现粗犷质感　由于原始空间为钢构屋顶，设计师因此强化屋顶本身的材质特色，直接裸露钢梁，运用亮橘的鲜艳色系凝聚视觉焦点。两侧墙面选用轨道灯，与天花板材质相呼应，展现出冷硬刚强的空间特质。

摄影：叶勇宏

要点　电线、管路沿天花的钢梁结构设置，运用相同涂色隐藏其中。

152

充满韵味的桁架结构　在挑高的空间中，天花板先以白色线板铺底，再模拟小木屋特有的桁架结构，展现纵横交错的线条，呈现立体层次分明的天花板造型，不加矫饰、粗犷自然，为清丽温馨的空间再添风情。

图片提供：上阳设计

要点　由于空间高度足够，选用较为粗厚的实木梁，也不显得过于压迫，反倒成为空间的视觉焦点。

▲ 要点　乡村风惯用的斜屋顶和格栅有助于采光。

153

153

挑高斜屋顶与白色主调展现乡村风情　舒适的休憩空间，以白色为基底，将挑高斜屋顶的空间特质转化为合掌造型天花板，与两侧等分的木质造型墙连成一气，黑白色调让空间回归最简单的平衡。

图片提供：近境制作

154

大理石门拱凝聚视觉焦点　一进门便能见到大梁横亘，为了避免视觉上过于沉重，运用大理石铺陈做成门拱，划分出客厅、餐厅区域。带有自然纹理的大理石充满大气质感，加深视觉印象。天花板线板层层堆叠，延伸至墙面框格，经典的古典装饰元素凝聚出低奢的华丽质感。

图片提供：原晨室内设计

▲ 要点　大梁需以钢架为底，才能有效稳固大理石重心。

154

155

156

155

格栅天花板串联公共区域　长形的公共区域利用平行排列的木梁结构，巧妙串联客厅、餐厨多个功能单元。同时也让视觉向外延伸，扩大体感空间。天然的原木质地与地坪铺设的木地板、实木剖面特制的餐桌台面等相呼应，流露质朴清新的韵味。

图片提供：上阳设计

156

横纹刻沟的层次之美　拆除客厅旁隔间墙，改为开放式的客厅、餐厅，塑造空间的开阔性。餐厅的端景墙向上转折，一路延伸至天花板，锯痕纹的木皮展现素材的自然本质。壁面正中佐以巨幅画作装饰，使空间更显大气。

图片提供：演拓空间室内设计

要点 运用较为细扁的板材施工，密集的板材展现细致美感。

157

157

格栅天花横跨全室拉伸空间　长形空间的空间深度大，透过格栅天花板的铺排，有效延伸视线，强化空间优势。穿透的设计不但没有使天花板变矮，还能巧妙遮掩机电管路，加之木质的温润味道让空间更加温暖。

摄影：叶勇宏

要点　鱼缸上方的天花板改用不锈钢板材质，可以防止水汽弄湿天花板。

要点　木制造型背后须运用角材支撑，以稳定重心。

158

159

158

钢板与水泥体现冷冽刚硬风格　客厅天花板以不包覆手法处理，同时分别将管线裸露出来，又加入不锈钢板元素，制造出冷冽质感，也带有粗犷和不加以修饰的味道。

图片提供：邑舍室内设计

159

转折天花板打造未来科技感　业主希望家里能够营造与众不同的前卫时尚感，因此设计师在修饰梁柱的同时，将天花板与电视墙设计成不规则形状，再嵌入层板灯，连墙面下方也装上层板灯，搭配黑、白为基调的家具，呈现独特冷冽风格。

图片提供：界阳&大司设计

要点　以柜体作为斜向天花板的支撑点，同时运用部分镂空的设计，制造轻盈感。

160

160

悬浮天花板创造轻盈视觉　在开阔的主卧空间中，刻意设置向下倾斜的天花板，斜向的造型与床头背墙交错镂空，仿佛飘在空间上方般轻盈，创造悬浮的视觉感受。大面积的铺陈横跨主卧和更衣间，营造大气开阔的空间氛围。

图片提供：界阳&大司设计

161

立体造型减轻梁柱压迫感 这座位于地下室的多功能交谊厅，由于屋身不高，再加上多梁柱，设计师顺应建筑结构设计立体造型，弱化封闭式空间的压迫感，不只增加视觉趣味，也减少了屋高的压缩。搭配铁件和黄色玻璃打造的现代感吧台，在空间氛围上也呈现出私人俱乐部般的时尚品位。

图片提供：怀特室内设计

162

下压板块划分空间属性 廊道将空间一分为二，刻意从廊道底部端景衔接局部天花板，动线主轴上方加做深木色的下压板块，让视觉由内而外延伸，形成美丽的过道风景。餐桌上方配合椭圆格栅的立体设计形成漂亮圆弧，令人眼前一亮。

图片提供：演拓空间室内设计

要点 　用钉枪在接合处加强固定，让有棱有角的立体天花板更加稳固。

要点 　天花板预先铺设底板，运用锁件加强格栅天花的稳固性。

163

163

竹片编织的肌理美感　为了将东方文明特质与空间气势一同展现，设计师选用具有编织美感的竹片打造天花板，并斜向层递。类似屋瓦般的交叠方式，衬托间接灯光分层投射的立体美感，并将空调功能一并整合。

图片提供：艺念集私空间设计

164

几何分割的线条更富层次　屋顶与墙边的间接照明以及嵌灯，交互投射在灰色基调的客厅空间中，整体室内的空间仿佛不断被放大，相互交映充满现代科技氛围。不规则的几何分割，产生视觉律动感，让空间更有层次。

图片提供：大雄设计Snuper Design

164

165

转折造型成功修装大梁 在左半边有无法避开的大梁，设计师在没有梁的位置做转折形成一个几何造型。虽然看起来有些曲折，但也借此包覆了梁柱，保留部分天花板高度，简单的白色营造轻盈感，也减轻了压迫感。

图片提供：明楼室内装修设计

166

木格栅住宅引入光线 这个空间位于地下室，只能从天花板位置采光。设计师经过精密计算，在入口处设计木格栅天花板，利用格栅做适度的遮蔽。这样，天花板在引进光线的同时，也能巧妙改变光线照射角度，避免产生阳光直射的不适感。

图片提供：明代室内设计

要点 在天花板转折处安排间接照明补足光源，能产生拉高天花板的效果。

165

要点 细窄的木材等距排列，既可有格栅造型又不会影响采光。

166

167

条纹序列轻盈律动 多样的线条让许多设计师的创意发挥得淋漓尽致，而线条本身也能达到许多特定目的，诸如视觉的延展和律动感，好比图中廊道的设计，就是将间距不规则的横向线条，由天花板转折至墙面，配合沿途的光影变化来制造空间的深邃感。

图片提供：艺念集私空间设计

▲ 要点　恰到好处的线条能让空间更加精致、优美，但过于繁复的堆叠可能会造成压迫感，要特别留意。

167

168

以裸墙展现材质自然原貌 业主喜欢自然材质，且希望尽量不要过度改变材质原貌，因此整体空间不只地板采用磨石子，电视主墙也是由花岗石一片一片拼贴而成，天花板更是全部拆除以模版状态呈现，借由材质原始样貌让地面与天花板风格统一，打造出强烈而具个性的居家空间。

图片提供：明代室内设计

▲ 要点　将梁柱漆成与天花板对比的白色，使其转化成天花板自然的装饰线条。

168

要点　先架设C形钢，再以夹板为底，作为二楼的地板底材，OSB板则依照框格大小贴覆密合。

169

169

OSB板中和冷硬钢铁结构　这是一栋两层楼的老公寓，将原先挑高5米的一楼客厅封板，架设C形钢为二楼扩充空间，另辟起居室和书房，自然展现方格交错的粗犷造型。同时搭配OSB板作为天花板材质，压纹木料的原始肌理，为冷冽的刚性材质注入暖意。

图片提供：里心设计

170

图形对应象征圆满　餐厅是一家人开心团聚的最佳场地，同时也是一个家里非常重要的聚落核心，设计师精心打造多层次的内退圆造型天花板，居中悬挂璀璨耀眼的环形灯饰，来呼应同样是圆形的玻璃餐桌，圆形象征着家庭的和谐圆满。

图片提供：艺念集私空间设计

要点　多层次镂空的圆形天花板，规划时往往要迁就现场梁柱位置、配合周边的量体比例，得经过现场多次放样才能接近完美。

170

第 2 章

天花板
×
灯光设计

面对现代风格的多变，天花板和灯具的配置关系越来越紧密，也变化出各种形式。这不仅有助于营造明亮舒适的空间环境，也能成就各种风格居家的样貌。

171　环绕式天花板
适时隐藏灯具又兼顾造型

图片提供：摩登雅舍室内设计

这是最常见结合天花板与灯光的设计，形式有两种，一种是利用平顶天花板在墙面留勾缝藏灯，另一种则是利用飞碟式的层板或复式天花板设计，将灯管藏入其中。不仅能使光源变得柔和、有效隐藏灯具，也能完美展现复式天花板的造型之美。

优点　若家中屋高较低，可采用环绕式天花板的间接照明方式，减缓光线过近的刺眼感受。

工法　灯槽的设计需考虑空间大小、屋高和所需亮度，且层板与原始天花板的间距也必须算准，才不会有太阴暗或太亮的情形出现。

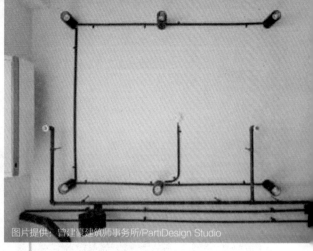

图片提供：鼎瑞设计　　　图片提供：曾建豪建筑师事务所/PartiDesign Studio

172　流明天花板
模拟晴天的最佳光源

为了让空间的亮度宛若白昼般自然，使用流明天花板便能达到这样的效果，通常可用于无光照的房间、厨房等。一整面的流明天花板可选用木材或金属框边做灯箱造型，再以玻璃、亚克力等透光材质，塑造一个平面的光源体。

优点　在室内也能创造日光的光源，有效消除室内阴暗。

工法　先施工内嵌的灯箱，将灯具安装于灯箱内，再覆盖上透明面材，增加黏合度。

173　轨道灯或筒灯设计
工业风居家的最爱

在不做天花板、甚至裸露出原始水泥模板的情况下，轨道灯或筒灯就成为最佳的照明选择。本身外露式的金属轨道就具有浓厚的工业感，轨道的线路走向既能塑造秩序的规律美感，也能依自身需求玩出趣味线条，在Loft空间中成为视觉的焦点。

优点　灯具可自由横移并调整光源角度，事后增加灯具数量也相当容易。

工法　轨道需以锁件固定于结构体上，并事前计算好灯具的间距和数量，避免有光源不足的情形发生。

图片提供：怀生国际设计

174　平顶天花板嵌灯
展露干净利落的天花板平面

若想呈现干净的天花板平面，可用嵌灯嵌入天花板中，帖服于表面的设计呈现利落的平行线条。一般多用在平顶的造型天花板上，可避免灯具造型抢去天花板风采，也能为空间注入明亮光源。

优点　适合用于层高较低的空间，可减少压迫感。

工法　每颗灯具之间留出一定间距，并需在灯具和角材之间留出空间进行安装，且要注意散热问题。

要点 面板之间的两道光束是减轻压迫感的关键，并让光照位置往下，提高餐厅亮度。

175

175

化敌为友，结合大梁的整体设计

格局打通后，天花板的大梁使餐厅无法定位，索性以其为轴心向两旁延展面宽，并在中间藏灯制造两道光束，形成餐厅区的专属天花板。一致的金属色泽使大梁隐身，将原先的阻碍变成造型的一环。

图片提供：水彼空间制作所

要点 天花板顺着梁的位置，以弯曲夹板创造一体成型的流畅视觉感，并根据使用需求配置不同灯光，让空间不会受到太多人工光线干扰。

176

176

依照使用需求规划不同灯光 开放式的通透格局，大面开窗设计为空间引进充足的自然光线。因此公共空间并没有配置大量的灯光，而是安装嵌灯搭配间接灯光营造氛围，仅在需要明亮灯照的书房区天花板上规划主要光源，以满足阅读及工作需求。

图片提供：王俊宏设计/森境建筑工程咨询（上海）有限公司·摄影：KPS游宏祥

各区的轨道灯高度需正确计算数值再进行分配，而轨道灯的光照位置
分别落在料理台、餐桌与走道，提供使用照明。

177

177

内敛又抢眼的个性天花板　保留原始的水泥天花板与
梁，让天花板回归素颜，回到最纯粹的状态，充满凿痕的
原始肌理展现空间本质。利用黑色轨道灯布局天顶的线条
与造型，低调却又极具个性。

图片提供：曾建豪建筑师事务所/PartiDesign Studio

要点　LED灯嵌入格栅天花板内，既展现格线的设计，又具有阻隔的作用。

178

178

格栅和LED制造空间亮点　客厅天花板选用南方松与铁件，勾勒出造型格栅天花板，一举遮掩原先裸露的管线。嵌入的LED灯可调整角度，让电视墙、沙发及造型背墙更有亮点。

图片提供：邑舍室内设计

179

打造室内的阳光花园　若空间位居顶楼，不妨考虑以采光罩设计打造天花板，制造天井式的自然采光效果，不但让空间更加明亮，同时也能给室内带来阳光庭园的悠闲感受。

图片提供：CJ Studio陆希杰设计

 要点　几何造型天花板结合采光罩设计，将温暖阳光引入室内。

179

180

温润质地里的闪烁星光　运用建材的丰富特性解决梁柱问题，还能带来不一样的视觉感受。黑玻包覆柱体并作为天花板木材质的切齐线，L形的木轴线除了遮掩梁体，也与下方柜体相呼应，形成一致的流动感。

图片提供：水彼空间制作所

181

格栅嵌灯点亮趣味光感　在用餐区最引人注目的绝对是天花板上的格栅造型与不规则灯光，充满现代感的特色设计带来了丰富层次，搭配简约的方木桌与具有强烈现代感的造型椅，更多了份设计感。

图片提供：金湛设计

 要点　将嵌灯埋在木纹纹理之中，让光线耀眼动人，而黑玻则有将光点无限延伸的作用，别有趣味。

 要点　利用天花板的格栅造型将带状灯光嵌入其中，让灯光与空间结合得更为紧密。

182

游走的相框和消失的斜角　房屋本身有斜角存在，落地窗斜向开窗，及地窗帘消化墙角畸零空间，宽60厘米的樱桃木木框从地面垂直拉至天花板，重新拉出的垂直水平线，勾勒出客厅天花板区域，再一路延续至厨房。

图片提供：石坊空间设计研究

183

妙用结构的层次性增加光影变化　面对房屋老旧、多梁且屋身低矮的空间限制，公共空间采取全面开放的设计。运用面状的木质素材连贯开放空间，减少大小横梁对空间的破坏，斜切面与两个层次的堆叠消除梁体的存在，间接照明减轻了天花板的沉重感。

图片提供：CONCEPT北欧建筑

要点　结合灯带的木皮宽带如相框一般，描绘出公共区块的轮廓，引导屋内的动线。

182

要点　将间接灯光藏在斜顶天花板内，延伸的光晕减轻斜面的视觉重量。同时选用梧桐木皮让光线在空间的投射更加温暖。

183

设计师在管线侧边接轨道灯系统，可依需求调整灯照角度和位置。

184

184

工业风格之天花板整理术 为落实业主工业风居家的理想，天花板不封硅酸钙板，所有外露的管线都经过重新规划。设计师率先考量各处灯光位置做线路拉整安排，将风扇管线、污水管、EMT管全部整理排列。

图片提供: KC Design Studio均汉设计

185

个性硬派的黑色管线 为了维持屋高并呈现Loft的自在感，保留最初消防管线的裸露状态，设计师配合线路走向配置筒灯与空调，让管线规矩整齐地排列，在此基础上制造随兴的美感。并将管线漆黑，凸显天花板空间的明管线条感。

图片提供: 曾建豪建筑师事务所/PartiDesign Studio

 选用色温3000K的灯具，黄色的光晕搭配木质，营造温暖舒适的空间。

185

186

裸露天花板管线并利用多种灯光制造层次 拆除原本的天花封板，将行走的管线重新定色后自然裸露，并大量运用原始材质和回收建材，用简单的事物唤醒人们对生活的感知。配置3种不同的灯光对应空间区域，有逻辑地安排出繁复线条，吧台上方更以倾斜的实木条打破方正的空间视觉。

图片提供：沈志忠联合设计/建构线设计

要点 玄关处天花板被一分为二，一半采取格栅设计，一半封板处理，虚实结合，创造丰富层次。

187

虚实互应的对比手法 客厅天花板保留消防管路及安装轨道灯，和玄关左侧天花板格栅的线条成平行对望。为求空间转换时能有所呼应，设计师别具心裁地搭造轨道，使灯具可随意调整，让光的变化增加趣味性。

图片提供：鼎瑞设计

要点 带有乡村风情的水晶灯，造型与灯罩纹路各异其趣，如夜里的大小繁星。

188

上空坐标轴交错点点繁星 裸露的天花板呈现出所有梁柱的面貌，由金属质地的螺旋风管、饰品店前段温润的片状木板、黑得发亮的轨道灯路线，交织成坐标般的纵横轴线，每盏吊灯都成为视觉焦点。

图片提供: KC Design Studio均汉设计

189

流动的光瀑取代无生气层板 在入门的玄关处有一横梁造成长方形的凹洞，设计师以黑色木板作百叶窗式的设计，中间保持10～15厘米的间隔，不仅可调整木片角度，控制光流速度，在灯泡坏损时也可方便更换。

图片提供: 六相设计

要点 特地把木板格栅后的嵌灯左右错置，光线可向不同方位散落流淌。

要点 界定静思区和客厅的位置后，设计师结合空调出口的铝格栅和强调柜体的间接灯带，使天花板的高低差合理呈现。

要点 不锈钢板孔径大小需考虑空调降风效果以及维修的可能，因此应安装可拆卸的活动钢板。

190

191

190

复合式光感的灵动设计　业主渴望拥有一个静思区，具独立性但又不要有封闭式隔间墙，设计师便以梁作为分界，由ㄇ字形展示柜界定空间。柜体顶部与天花板以间接照明灯带相接，辅以柜内有聚焦性的T5灯管和光线散射的LED灯带，营造出此区的朦胧氛围。

图片提供: 石坊空间设计研究

191

定制钢板孔径营造理想光线效果　天花板由定制的不锈钢板拼接吊挂而成。因为要考虑不锈钢板的透光程度所以要认真设计钢板上孔径的大小。在不锈钢板上方吊设LED灯，两两相互搭配，其寿命长、不易坏。

图片提供: 本晴设计

要点 轨道灯有随意调整光照位置和光源角度的优势，且外观能与管线造型相呼应。

192

192

裸露管线展现纵横交叠艺术风味　维持原有的天花板高度，让消防管线与灯具线路彼此交错，垂直水平的折线与闪耀黄光的灯球把天花板变成现代艺术。将管线漆成白色降低工业风的视觉冲击，并让灯管与消防管线平行，线条工整不显凌乱。

图片提供: AYA Living Group

193

廊道天花板照明将客厅一分为二 因玄关和客厅无缝接轨，进门时可借玄关灯带辨识空间所在位置，而以间接照明延伸廊道，使天花板对称，一边为电视墙，一边为沙发区。另外，廊道天花板也是冷气风口藏身之处。

图片提供：形构设计

 廊道和客厅共用空间时，用与天花板对称的间接照明进行小范围再切割。

194

以缝隙制造光影层次变化 设计师运用撕裂与交叠的手法，让天花板上方局部楼板裸露出来，呈现原始皮层的清水模状态，并将隐藏式光源嵌入天花板缝隙，让光的层次成为空间的一部分，勾勒出更鲜明的立体感。

图片提供：CJ Studio陆希杰设计

要点 灯光隐藏在白色天花板与原始清水模楼板之间的缝隙中。

玫瑰金和流明灯搭配的天花板照明造型，材质奢华，大气稳重。

195

195

玫瑰金流明灯体现大气质感 餐桌天花板采用流明灯照明设计，营造犹如天井般的情境，灯光如同阳光穿透而下。天花板造型搭配镀钛玫瑰金展现奢华质感，加之呼应玻璃门切割线条，提升了空间的整体质感。

图片提供：大雄设计Snuper Design

 要点 更衣室灯光可分区触控，多种灯光色彩组合，随业主心情随时调整。

196

196

金属与彩色光源共奏更衣间时尚旋律 为呼应住宅的整体时尚面貌，更衣间延续客厅的时尚风格，以玻璃、金属与光源打造时尚感十足的衣帽展示区。通过四条贯穿全室的投射板光带，扩大空间视觉面积；而正中的金属框架则内设灯管，让业主可将最喜欢或新款衣物悬挂于此，达到展示、装点的效果。

图片提供：界阳&大司设计

197

197

洗练工整的统一美学　客厅和餐厅的天花板在考量梁柱
位置后，分别以天花板吊板对应区域边界，再工整地内镶
嵌灯腰带，餐桌上方吊灯由设计师独家定制，再次呼应矩
形的设计，整体合一。

图片提供：相即设计

▲ 要点　　化解梁柱的压迫感，可利用镜面的反射放大空间，自然形成特殊效果。

▲ 要点　　光带与空调线形出风口相互垂直，模拟蒙德里安的几何抽象画骨架，将天花切割为不对称的几块区域。

198

茶镜天花板令空间立体又悬浮　利用茶镜作为厨房天花板，并搭配灯带设计，有效弱化天花板的空间存在感。镜面的反射制造放大效果的空间错觉既能拉高楼板高度、减轻大梁压迫感，又可营造悬浮感。

图片提供：欣磐石建筑·空间规划事务所

199

蒙德里安式天花分割　女儿房除了延续全室的黑、白、灰色调，另外融入红色床头板，象征"山"的自然意象。横跨天花板的投光板光带延伸至床头壁面，设计师在端点装设灯光，随即变身为床头吊灯，与台灯、立灯结合，为床头区提供充足且可弹性调整的照明。

图片提供：界阳&大司设计

▲ 要点　　选用窄角度的投射灯具，并让光照角度集中在走道、书柜与墙面，制造聚光效果。

200

裸露新美学，楼板的重生　原先楼中楼的楼板包覆后只剩2.2米的屋高，空间过于压迫，索性将型钢结构的楼板外露。经过白色漆面的处理，灯具也依C形钢的框架排列，精简整合线条，消除视觉上的凌乱。

图片提供：AYA Living Group

▲ 要点　客厅上方冷媒管需与灯具、电线平行等距对齐，才能保持裸露天花板的视觉一致性。

201

▲ 要点　因大梁无法避开，而封板又会使天花板过低，因此选择用木材打造格栅式天花板，强化整体空间风格。

202

201

统一而整齐的方形灯光矩阵　工业

风天花板采取不封板设计，以筒灯为端点做方形等距排列，利用筒灯的平均光源，给客厅提供均匀充足的空间照明。文化石电视墙上方则特别运用红色管线搭配调光灯泡，重现业主父亲经营的老工厂场景，模拟具有纪念意义的温暖怀旧场景。

图片提供：法兰德设计

202

消除大梁压迫感又创造悠闲氛围

由于餐桌上方有大梁横跨，为了消除大梁的压迫感，特别在左右两侧以格栅来转移焦点，同时也削减大梁的存在感，进而以格栅搭配间接光源，营造有如阳光斜洒般的悠闲氛围。

图片提供：尚展设计

203

减法装修制造Loft人文美感　进入这间房屋，立刻可以感受到非常强烈的空间感，通过特意裸露的天花板、明管与蜘蛛灯安排，使得空间展现出高度优势，再搭配墙面特殊的层板书架设计，更能凸显Loft风格的人文美感。

图片提供：金湛设计

204

横轴铁制灯具，完美协调画面比例　在中岛与餐桌上方利用包覆木皮的铁制吊灯串联餐厅与厨房，解决横梁对空间分界造成的失衡，也让两个区块产生共鸣。灯具的造型呼应吧台的H形钢，使用不同粗细的铁管让立面的比例具有一致性。

图片提供：AYA Living Group

 要点　将屋型过长的缺陷，借由线性延伸的管线与轨道灯设计转化为风格特色。

要点　选用窄角度嵌灯让光源集中、聚焦于餐桌。

要点 光廊设置在高低天花板之间，恰可作为空间功能的区域分界。

205

206

205

引入充足自然光，减少室内灯光配置

客厅与餐厅通过圆弧导角造型柔化空间线条，让理性的黑白对比展现柔美的一面。天花板也利用特殊的弯曲夹板，以曲面造型包覆天花梁。餐厅临窗的阶梯以钢构展现轻盈的美感，同时不阻碍自然光线的进入，使天花板可以减少灯光的配置。

图片提供：王俊宏设计/森境建筑工程咨询（上海）有限公司 · 摄影：KPS游宏祥

206

天花板高低差配置，制造流动光廊 由于天花板本身有高低落差的先天格局，利用梁体划分左右两侧区域，分别作为客厅、书房以及玄关、餐厅。并借由光廊设计产生间接照明，廊道灯光既能引导动线，也可让空间视觉延伸。

图片提供：形构设计

要点 以嵌灯作为区域的夜间光源，再通过一盏吊灯点亮餐厅、营造和谐氛围。

207

207

用高低差造型消除大梁的突兀感 在两支大梁中间以木格栅界定出餐厅，让视觉因聚焦而忽略屋梁，也消除了与两旁大梁的高低差。玻璃砖的立面像是自然光的任意门，使光线在餐厅与卧房之间自由穿梭。

图片提供：杰玛室内设计

208

灯光和动线配置巧妙减轻梁体压迫感

天花板嵌入LED灯条，借由这些间接光源让家更舒适、温馨，营造顶级酒店般的氛围。梁下配置灯带，正对着沙发靠背，可借以确定客厅和餐厅位置，亦巧妙化解原本梁体压迫所造成的不适。

图片提供：欣馨石建筑·空间规划事务所

209

黑色灯沟衬托时尚金属风天花板　入

口玄关从墙面至天花板铺满整面木色，淡化立面、平面分割线条，增加空间视觉面积。天花板除了直向的间接光带外，右侧墙面不做满，与天花板之间保留40～50厘米的间隔，借由造型转折、横向延伸至客厅。

图片提供：奇逸空间设计

210

格栅光影夜越深越美丽　走道原本只是单纯连接着

公共客厅、餐厅与私密卧房区，但因设计师在天花板以格栅造型搭配间接照明的创意设计而有所改变，让单调的过道成为室内焦点。

图片提供：浩室设计

211

要点　选择玻璃材质的面板让透过的光线更加
真实。

212

211

**线条形式间接光源让空间光线均匀
发散**　宽敞的公共空间利用不同的天花
板设计划分客厅与餐厅，餐厅保留天花
板高度以配置吊灯，客厅则改变一般口
字形的间接光源设计，以4道斜面切割
的线条形成灯带，导引出较为柔和温馨
的光线。
图片提供：尚艺室内设计

212

感受沐浴在阳光下的美好　餐厨区有
一面落地窗，不如就将自然光从立面延
伸到上方吧！流明天花板的设计仿佛替
餐厅开了一道天井，人造灯光透过雾面
玻璃，宛如阳光洒落，为烹饪以及用餐
创造舒服放松的环境。
图片提供：杰玛室内设计

213

多重设计弱化突兀的十字梁体　客厅被十字梁贯穿，为了让公共空间具有整体性，设计师从十字结构往外延伸，运用平面、折板、木格栅的设计元素，加入不同的灯光设计，化解了天花板被十字梁分割的尴尬。

图片提供：杰玛室内设计

214

工业风轨道灯打造立体天花板造型
小面积的工业风设计里，刻意不做天花板造型，而是配置黑色硬管，且让轨道灯格外突出，形成另类的立体装饰效果，借此表现业主独到的个人品位。

图片提供：邑舍室内设计

要点　厚薄不一的烟熏橡木遮蔽了恼人的梁、柱、管道间、公厕的入口，解决了一系列的问题。

215

从天而来的多功能木块柜　壁面、柜体、天花板采用同一种材质进行裹覆。烟熏橡木从大门开始，铺天盖地往餐厅方向设置一双面柜体，在门口转角处整合雨伞柜，并整合客厅的影音器材，集中处理多项收纳问题。

图片提供：六相设计

216

温暖与个性的色彩互动 为了保留空间高度，天花板不将梁封平，而是采用明管直接配置灯具的方式，灯具与天花板皆以同色的白增加一致感。刻意将梁的立面漆成黑色，增加与书墙的整体感，让木色与黑色的个性互动蔓延整个空间。

图片提供：曾建豪建筑师事务所/PartiDesign Studio

217

气氛灯光点缀空间、转换情境 入口以温润的木质天花板迎宾，与立面的砖墙共同将空间晕染出原色的自然美。走过拱门，将横梁藏在橡木质地之下，降低天花板高度来加强吧台区的安定感。灯光设计则呼应酒窖的主题概念，运用不同光源营造空间氛围。

图片提供：AYA Living Group

要点 高度使用超薄的嵌灯作为书桌的照明，书房天花板则用白色筒灯与轨道灯相结合，实现光线的弹性运用。

要点 走道的嵌灯提供均匀照明。壁灯则强调了拱门造型，对称的灯光配置和圆拱这一古典设计相呼应，创造悠然自在的欧洲风情。

要点 天花板的三块不锈钢板特意设置在不同高度上，带来不对称的视觉感受，并于接缝处装设轨道灯作辅助照明。

218

不锈钢天花板制造慵懒情调 设计师大量采用反射材质装饰餐厨空间，天花板铺设毛丝面不锈钢与镜面不锈钢，橱柜面板也是用不锈钢做的，而吧台更采用特殊的投光板材料，令空间充满前卫时尚感。在昏暗的灯光下，点亮金属球形吊灯，灯光流泻到地板与天花板，慵懒的光晕，打造出业主专属的私密高级酒吧空间。

图片提供：界阳&大司设计

要点 天花板的镂空玻璃楼板下方以铁件斜撑，除了能获得天井式照明，也能在上方安全行走，实际使用面积丝毫不减。

219

 要点 镜面不锈钢嵌入小孔径嵌灯作为主要照明，周边藏有LED蓝光及黄光灯，营造高级酒吧的放松氛围。

219

玻璃天井补光，照亮负一层房间 房间在地下一楼，用玻璃替换原本的楼板，规划室内天井，将上方的落地窗透入的日光与室内灯光引入原本阴暗的地下空间。正中央的灯光设计运用钢构照明概念，设计上下皆设有光源的U字造型吊灯。

图片提供：奇逸空间设计

220

金属光感的时尚空间 景观酒吧区的双圆圈灯具造型呼应圆弧形的格局，一大一小、一高一低的金属框圈丰富空间的视觉层次，通过圆管支架的悬吊手法制造出穿透飘浮感，保留适当距离也让光影效果更鲜明。

图片提供：水彼空间制作所

221

玄关律动光束转移视觉焦点　如何让180厘米深度的狭小玄关给人留下深刻印象？设计师利用特殊材质将光束从天花板延伸至壁面，形成L形不对称设计，打破实体空间界限，律动的光线成功吸引了来客的注意力，白蓝色调的魔幻灯光效果更给人戏剧化的感受。

图片提供：界阳&大司设计

要点　玄关与衣帽间利用色温的差别达到截然不同的视觉效果，让人体验到功能空间的转换。

221

222

巧用天花板吊板消除梁体沉重感　采用天花板吊板的方式设计，四周梁体可被包覆隐藏，消除沉重感。漫射的间接照明、冷气管线、出风口、回风口都统一收纳在吊板身后。黑色的环绕灯带更将嵌灯等距置入，利落而简明。

图片提供：相即设计

要点　卧室通过柜体上方壁面的茶镜让空间再次舒展开来。

222

要点　电视上方的不规则天花板缝隙从25厘米以内皆有，安装间接灯管需特别注意宽度是否适合施工。

223

223

多变灯光展现3种厅区风情　客厅

拥有3种灯光场景——白天、晚上、聚会模式，可通过不规则天花板与电视机台面下方的间接光源调整。右侧玄关上方设置倒L形投射板光带，搭配大理石与内嵌灯箱的地面，有效增加地板与天花板的线条张力，融入多彩灯光变化，让房屋根据业主的喜好展现多种风情。

图片提供：界阳&大司设计

要点　长条灯带可将空间延伸放大，辅以层板墙面排列，增加小面积空间的放大效果。

224

224

长条灯带辅以镜面让空间延伸

在天花板点缀嵌灯和长条灯带，并注入黑与白的线条感设计，对应层板和墙面的长条排列，营造出空间的延伸感。而在尽头搭配一面镜面墙，使整个空间有了双倍放大的效果。

图片提供：欣磬石建筑·空间规划事务所

▲ 要点 从后阳台贯穿客厅的冷媒管包覆银色镀锌管，为粗犷空间加入金属的工业时尚感。

225

225

灯具平行排列照亮每个角落 工业风住宅沿用原本商业空间风格的天花板，以此为底进行喷漆处理，搭配壁面的清水模涂漆，塑造空间冷静、无装饰格调。天花板灯具保持等距的方形排列，营造视觉上的统一整齐感。空调机体集中餐厅上方，降板天花板采用包覆处理，并以吊灯为主、投射灯为辅，确保用餐空间明亮温暖。

图片提供：法兰德设计

▲ 要点 天花板井字形的假梁线条不仅加入嵌灯的光源，也让主灯有众星捧月的效果。

226

226

众星捧月般地突显兽角灯 业主的风格喜好是设计的最主要依据，为了体现出狂野、时尚的个人风格，除了在天花板上以嵌灯展现出星芒灯光外，麋鹿角造型的吊式烛灯也成为展现风格的主角，与室内软件装饰和家具上下呼应，凸显出住宅的独特个性。

图片提供：尚展设计

227

线性设计巧妙隐藏机电设备 公共区域的功能以电视墙上方钢刷木皮的遮梁天花板为界进行划分，前后两块采取对称的长形规律分割。餐厅上方除了两侧间接灯沟外，白色天花板依照功能切割为四块，正中央线条为轨道灯，左右两道则作为冷气出风口。

图片提供：奇逸空间设计

228

天花板嵌灯和地灯装饰墙面 用餐区的弧形墙面延伸了较为狭长的格局，因此天花板上采用线形灯轨，天花板嵌灯和地灯投射在空间角落，在墙面形成巧妙的光影变化，装饰了单调的墙面。当餐桌移开时，空间可作为舞池，更具情调。

图片提供：大雄设计Snuper Design

▼要点 与轨道灯平行的两道出风口采用铝挤型无框设计，将必要的功能设备彻底隐藏于天花板中。

▼要点 天花板嵌灯和地灯投射墙面呈现光影变化，让空间兼具餐厅和艺廊双重功能。

要点 下方的间接灯光需搭配木地板等雾面材质，否则反光的地板材质会倒映出灯管。

要点 不同高矮的方形组合，与一旁的大梁协调高度差距。另外天花板底层贴上银箔则让光源更柔和。

229

匚字形框架包覆睡寝区 寝区的睡床处上方有梁，后侧有柱子，设计师干脆以匚字造型框架包覆此区，搭配上下的间接灯光，营造飘浮的轻盈气氛。同时以深灰线条框围蓝紫色块，一重一浅的色调有效减轻较低天花板所造成的压迫感。

图片提供：法兰德设计

230

方格嵌灯塑造错落有致的光影 餐厅受限于左侧的梁，无法获取完整的空间，因此舍弃主灯改以造型结合嵌灯设计天花板，并供给照明。不同高低的方形柱体搭配挖空的方框，深浅不一的高度不只让造型层次更为出色，同时也让光影的变化更有戏剧性。

图片提供：境庭国际设计

要点 流明灯光可展现自然光情境，置于厨房中岛上方可提升菜色视觉美感。

231

流明天花板模拟天井情境 当厨房顶高度较低时，采取流明天花板，形成天井状的空间感。而灯光选择白光和黄光混调而成，正对着中岛吧台的方正格局，柔和的灯色可令美食佳肴看起来更可口。

图片提供：欣磬石建筑·空间规划事务所

232

232

镜面梁体，映入绿荫　为将书房四周的梁体包覆，以降低此区高度，又因铺设电视管线而架高地坪18厘米。为避免产生过多的压迫感，设计间接灯光环绕天花板，并在底部贴覆镜面材质，使窗外树冠绿荫映入屋内。

图片提供：相即设计

233

世界友人齐聚一堂的大气宴会厅
由于交游很广的业主时常需要招待来自世界各地的亲朋好友，特别在家中规划专门的宴客区。从天花板的三个圆起始，内嵌无限变化的LED灯片。垂下的5圈光带代表五大洲，表达世界一家的团聚意象。

图片提供：界阳&大司设计

▲要点　灯光变化模组除了光带部分还需装设变压器，因此天花板宽度最少需要30厘米。

233

要点　间接灯光的灯槽设计将光源导向天花板，成为辅助空间照明的光源。

234

234

U形光带导引生活动线　房屋应单身业主的需求改变原有格局，将可远眺户外山景的窗户留给客厅，卧房隐藏于电视墙后，让动线成为一个U字形，而天花板的设计便依此规划，由中岛、客厅延伸至卧房入口，灯光除了制造气氛更发挥着动线引导的作用。

图片提供：德力设计

 要点　品酒室需特别规划光源，选用介于白光和黄光之间的LED灯，避免过白光让空间变得过于冷调，而失去品酒室的放松作用。

235

235

镂空设计减轻封闭感　若是单纯封平天花板未免太过单调，设计师从雪茄的长条外形获得灵感，在天花板做出镂空条纹并安排灯光，以此制造明亮、穿透的效果，减轻了密闭空间的封闭感。另外以横条、直条和斜线条纹组成的九宫格天花板，丰富视觉体验也增添趣味变化。

图片提供：拾雅客空间设计

236

236

古典与前卫的美丽花火　不封板的天花板除了突显Loft
风格特色外，搭配裸露的管路设计也有助于解放屋高、减
轻压迫感。另外，餐桌上的吊灯与客厅古典铜灯则与Loft
风格形成鲜明的反差美。

图片提供：浩室设计

237

黄色光源温暖极简居家

业主喜欢极简设计，颜色也偏好黑白色系，设计师以此为空间基调，只利用不同材质替仅有黑白两色的空间做出层次感。黑灰白色块从玄关延伸到天花板，自然形成的条纹设计也与现代感空间风格一致，另外并安排黄色灯光，缓解空间里的冷冽氛围。

图片提供：拾雅客空间设计

◥要点 天花板施工时必须预留管线以便安装灯管，同时注意灯管的排列，避免发生断光的情形。

238

238

延续性光带削弱大梁存在感 原有四房的格局经过隔间的调整，公共空间变得较为宽敞，也增加了开放式书房，然而却使得大梁更为凸显，于是设计师采用机翼造型的天花板予以修饰，并通过选用具有延续性、可全开或半开的光带，营造不同的氛围。

图片提供：德力设计

239

连贯流动光源延伸高度化解梁柱 大型空间的公共通道仅有约240厘米，加上遇有梁柱，若以一般天花板施工方式势必压缩高度。设计师摆脱规则，利用V形灯槽的排列贯穿20米通道，既可取代嵌灯，又能凸显天花板的延伸与连贯性。

图片提供：水相设计

◥要点 V形灯槽以木芯板施工，刻意削薄成1厘米宽度，创造出如金属般的质感，而灯管与挡板之间则预留15厘米距离让漫射出来的光晕效果更好更柔和。

239

240

H形钢灯光架模拟建筑结构

空间的平顶天花板保留干净画面，特意将灯光集中于H形钢当中，利用钢构作灯光骨架，营造宛如建筑结构外露的理性线条。H形钢两端固定于冷气出风口的内嵌凹槽，以相近色系水平延伸，将钢架、出风口整合为统一方正造型

图片提供：奇逸空间设计

要点　光源色调的选择会影响整体的空间氛围，等待的候诊区以黄光营造沉静气氛，工作区则选用强调亮度的白色光源。

241

温暖黄光打造一室温馨　以交

错造型打造出以蝴蝶为设计概念的造型天花板，虽长形屋采光不足，但在堆叠的天花板间规划间接照明，并采用有温度的黄色光源，营造出屋内宁静、治愈的氛围，另外再以少量嵌灯作补充，满足基本的亮度需求。

图片提供：拾雅客空间设计

▲ 要点　考虑到前端配置了投影荧幕，而环境光源需远离投影荧幕，于是主要灯光亮度
就交给四盏定制吊灯，其古铜色与大气简约的形体也呼应了整体风格。

242

定制古铜灯具创造明亮聚焦效果　空间以沉稳内敛的
古典风格为主，天花板采用V字形对缝、刻意非等距的排
列线条，试图凸显与丰富天花板的层次。设计师还搭配铁
件收边取代传统古典线板，融入些许现代元素。在灯光配
置上设计师运用间接照明、投射灯、主灯满足不同用途时
的亮度需求。

图片提供：水相设计

要点 天花板用激光切割凹槽，再嵌入亚克力灯盒。

243

243

不锈钢天花板有效制造光晕效果

不锈钢材质从电视立面转折融入天花板设计之中，斜上的设计有效提升空间高度，搭配吊灯光源的反射，天花板产生极具现代感的流动光晕。而需要幽暗光线的卧寝区域，则是选用间接照明设置于天花板四周，不直射的光线有效打造宁静空间。

图片提供：界阳&大司设计

244

流明天花板别具科技感 冷色调的空间，天花板多半都不会做过多装饰，但设计者一改过往手法，利用玻璃与铁件勾勒天花板，并使用似天井的设计手法，除了提供室内有效的照明，也让整体展现现代科技特色。

图片提供：大雄设计Snuper Design

要点 选用雾面材质的玻璃，不会阻碍光线投射至室内，同时也不会觉得灯具光线太过刺眼。

244

245

灰色空间中不失温度的放松天地　这是一栋30年的老公寓，为改善采光，拆除部分隔间，呈现开放客厅、餐厅的通透明亮格局。另外将木作天花板撤除，裸露出水泥粉光的天花板，并铺排两道筒灯。简约素净的外形，让空间更显干净利落。

图片提供：AYA Living Group

246

绚丽彩光的高级酒吧氛围　因为业主平时喜好在家品酒，设计师在外厨房增设吧台，并沿柜面上方点缀时尚的LED灯，照射在酒瓶上，绚丽的彩光与倒影，制造宛如高级酒吧的微醺气氛。

图片提供：演拓空间室内设计

 要点　为了补足光源，两道光轨的中央加设筒灯，轻简的排列衬托素净的空间氛围。

245

要点　LED光源由于是冷光源，寿命又长，长时间使用也不用担心因为高热而烧灼、晕黄周边的软硬体。

246

247＋248

从天花板延伸的光带　在挑高5.5米的空间中，为了保有挑空的开阔感受，设计师把天花板和墙面连成一线并用运用线条造型分割，加上墙面设计不规则的镂空块状装饰，导引由上而下延伸的光带律动，既展现视觉的流动感，也具有辅助照明的功能。

图片提供：原晨室内设计

中央天花板刻意降低，除了满足隐藏空调机的需求，也能留出间接光源的摆放位置。

247

248

要点 设计师在客厅中央刻意划分一道灯带，不仅与墙面线条相呼应，置中的设计也让灯带成为焦点。

249

249

照明集中在中央，让明暗对比强烈 业主喜欢自然原始的风格，所以设计师特地选取大理石作为电视墙，并保留开凿的凹凸面粗犷感，以两盏LED灯打光在墙面上，石面的纹理更加清晰可见。客厅天花板的一排LED嵌灯聚焦客厅中央，则让两边与中间的明暗对比明显，犹如天光一般自然。

图片提供：界阳&大司设计

 灯沟刻意缩小，减少分割线条，尽量保留木皮天花板的完整样貌。

250

250

一致的灯光使空间相互联结
大面积的深色木皮天花板横亘公共区域，展现大气开阔的空间面貌。同时间接照明灯光与投射灯的交错运用，牵引视线由客厅往餐厅延伸，让客厅与餐厅两个空间具有一致性与连接感。

图片提供：大雄设计Snuper Design

251

252

251

延伸楼梯间的挑高感受 由于天花板较高且位于楼梯间，因此沿天花板四周设置间接照明，围出光带范围，再搭配悬吊式的灯具，空间更具层次感。同时为了延伸整个空间，楼梯两侧以玻璃作房间墙面，空间通透消除狭隘感，也让这组主灯更加明亮。

图片提供：王俊宏设计/森境建筑工程咨询（上海）有限公司

 需以锁件将格栅固定于梁和墙面上，才能不致松脱。

253

252

运用光源展现空间风格 设计师为男主人设置专属的视听娱乐室，除了使用吸音材质让男主人尽情享受音乐外，还在天花板表面设置块状的造型，规律的图案丰富空间造型，并于四周设置间接照明，补充室内光源，让空间变得更为柔和。

图片提供：艺念集私空间设计

253

格栅光带将空间一分为二 为了隐藏餐厅空间的大梁，设计师在梁下设置格栅，并于两侧装设间接照明，塑造一道光带，这不仅弱化大梁带来的压迫感，也巧妙将公共区域一分为二。客厅、餐厅墙面以不同色彩的木皮贴覆，创造宛如自然森林的原始氛围。

图片提供：明楼室内装修设计

254

弧线天花板展现温柔风格 弧线天花板延自玄关伸至餐厨区域，柔顺的线条有效遮蔽大梁，也让空间更显温柔。餐厅处的圆形挑高营造自然的间接光源，有效拉伸空间高度，减轻沉重感，再辅以透明的球灯创造餐桌上的视觉焦点。

图片提供：明楼室内装修设计

255

充满趣味的管线排列 在充满浓厚的工业风空间中，通过水泥、实木、铁件等自然素材铺陈，原始的粗犷韵味自然流露。天花板不封顶，仅以筒灯和吊灯补足室内光源，灯具轨道刻意曲折排出"M""N"等字样，展现屋主的玩心童趣。

摄影：叶勇宏

 要点 环绕圆形天花板设置间接照明，不仅让用餐的光线变得柔和，也让天花板成为空间焦点。

要点 吧台区设置三盏大吊灯满足工作需要，而座位区则以筒灯、轨道灯维持一定亮度，略微幽暗的光线让空间更为沉静。

要点　间接照明设置的高度为25～30厘米，才能让光线充分发散出去。

256

256

线板与间接照明搭配，塑造空间线条　在大面积的空间中，运用原始梁柱分区设置家中各功能单元，同时沿梁设置简约的线板和间接照明，隐性划分各个区域。微亮的光带环绕厅区，不仅提供整体照明，也刻画出精致的利落线条。

图片提供：大雄设计Snuper Design

 要点　除了运用轨道灯和筒灯，不时再以吊灯点缀，形成错落的动态视感。

257

257

铺陈轨道管线，点缀空间　整体空间以复古怀旧为主题，因此刻意不做天花板，让管线得以直接裸露于空间中，成为点缀空间的亮点之一。再涂布深蓝色天花板，沉稳的深色调有效提升空间的精致感，也削弱梁柱的存在感。

摄影：叶勇宏

258

间接照明沿梁施工，创造层次 由于卧房需兼具书房功能，柜体向上延伸与天花板相接，形成一体成型的视觉感受，同时间接照明的设计让阅读的光线不过分刺眼。天花板转折进入卧寝领域包覆梁体，中央则留白不做天花板，柔和的间接照明光源塑造空间层次。

图片提供：界阳&大司设计

259

裸露轨道灯具展现利落线条 特意将厨房屋顶原有的水泥板保留下来，真实呈现旧时的建材，与具有现代感不锈钢厨具形成新旧对比，增添趣味。而在大块水泥板的拼接基础上，设计师运用EMT管铺排灯具，并搭配轨道灯加强局部照明，裸露的管线分布增添复古韵味。

图片提供：拾雅客空间设计

要点　间接照明运用黄色光源塑造静谧的卧寝空间。

258

要点　管线的排列应考虑空间需要的亮度，且避免过于杂乱的排法。

259

260

宛若天井的日光氛围　在没有自然光线投射的餐厅位置，以特制的采光罩造型灯具大面积铺设，内含层板灯，营造出仿佛大片光透过天井投射进入屋内的氛围，为低调又具现代感的空间增添生活气息。

图片提供：大雄设计Snuper Design

261

裸露管线，让空间风格更粗犷　剔除天花板的修饰，虽然露出了水泥模板的粗犷痕迹，但还原本色的简化设计，却让整个空间变轻盈了。至于裸露出的原有管线，则收束整齐，沿客厅中央设置筒灯，加强整体照明，利落的线条也成为空间装饰的一部分。

图片提供：拾雅客空间设计

要点　采光罩四周以黑色烤漆木作为边框，形成灯箱的立体感。

要点　用EMT管包覆裸露的灯具管线，不仅可保护线材，也让整体更干净利落。

▲ 要点　机电和灯具管路需事先安排好方位，并留意管线方向，塑造利落线条。

262

262

机电、灯具的金属质感，展现硬派风格　这是一间位于老旧社区的房屋，将天花板全部拆除，空调机电设备毫不遮掩地外露，有意识地拼组排列所有的灯具，让天花板不显杂乱。深色天花板展现沉稳特质，搭配设备本身的金属质感，为空间增添些许的冷冽气息。

摄影：叶勇宏

▲ 要点　运用底层较粗的木梁，搭配上层较扁的宽板，沉稳中另有对比性的趣味。

263

263

木头格栅演绎和风印象　局部镂空的天花板，以双层木头格栅做上下层的垂直交叠，塑造犹如古老木屋的桁架，并透过边缘照明打出立体感十足的阴暗面。这样的设计强化了挑高的深邃感，更是为了平衡周边墙面大面积深木格栅带来的厚重感。

图片提供：演拓空间室内设计

要点 特定空间所需的亮度要事先计算，但对于餐厨区而言，模拟晴天早晨9点的光线最舒服。

要点 刻意在圆顶天花板的四周增设间接照明，塑造宛如光环般的轻盈视觉。

264

265

264

模拟天井的流明天花板设计 为了强化位于空间内部的照明，除了破除隔间，将餐厨区改为开放式，让光线得以深入内部，也可以运用大量的白色增加明亮感，辅以升板的流明天花板，营造天井光屋的通透浪漫氛围。

图片提供：演拓空间室内设计

265

块状天花板增添空间趣味性 吊灯不仅可搭配餐桌，还能增加空间趣味性。长形餐桌上方，利用LED灯材质带状的弹性，镶在不规则圆弧形的天花板中，看似漂浮的云朵，成为生活空间的焦点，云朵下方悬挂两盏吊灯为餐桌带来温暖氛围。

图片提供：明楼室内装修设计

要点 高低不一的悬吊，形成错落有致的光点，宛若星星般灿烂。

266

266

明暗对比的空间氛围 本身空间形状较为狭长，透过深色的铺排避免空间过于空旷。白天使用钨丝灯泡，晚上切换为LED灯，黑色天花板一闪一闪，独具梦幻醉人气氛，同时强烈的明暗对比让空间别具特色。

摄影：李永仁

267

轻工业质感的黑白线条 从客厅一路延伸至用餐区的墙面，分别选用木质与文化石墙制造出休闲感。天花板以嵌灯取代吊灯不仅让用餐空间更显简洁利落，也可解决屋高较低造成的压迫感。黑白相间的工业风嵌灯上下呼应，营造出充满人文感的轻工业风。

图片提供：法兰德设计

268

用排气管强化设计与采光 拆除原本靠近客厅的次卧，让整个公共区能够伸展放大，边角区位满足了业主希望电视不作为空间重心的愿望，采用排气管来收束管线，并化解制式柜体遮挡光线的困境。

图片提供：里心设计

 宛若格栅般铺排嵌灯轨道，黑白相间的设计形成强烈对比，营造餐厅氛围。

267

要点 排气管最大可180度角的旋转设计，让厨房跟客厅可共享资源。

268

刻意选用黑镜，带来黑白对比的视觉感受，同时搭配吊灯，产生光线漫射的绝妙效果。

269

269

借由黑镜反射流动光线　吧台上方的天花板采用黑镜铺设，具有反射的镜面效果，借此提升空间高度，同时铺设嵌灯和间接照明增加亮度。与光纤屏风、镜柜材质相辅相成，塑造极具现代科技感的空间格调。

图片提供：界阳&大司设计

270

管线与天花板同色，统一视感
为了改善楼高较低的问题，设计师特意不封天花板，争取出20厘米的屋高，所有机电和灯具沿梁铺设，管线与天花板同色，避免产生过多线条。同时利用包覆梁线的手法暖化空间格调，展现如沐春风的舒适氛围。

图片提供：AYA Living Group

天花板四周运用实木与管线层层框出线条，塑造向上延伸的视觉效果。

270

271

三角屋顶打造独特风格　位于顶楼的视听室保留原屋结构的三角斜屋顶，形成独特的乡村风格，也利用斜屋顶独特结构，创造出环绕效果绝佳的空间。斜顶天花板除了装设灯具，并沿屋顶四边配置光源，幽微的灯色投射于布幕，塑造安静沉稳的空间特色。

图片提供：艺念集私空间设计

272

灰蓝基底营造静谧氛围　室内天花板不做多余包覆，灰蓝色的基底涂装，释放静谧安稳的气息，直接外露的管线，也在天花板上伸展出趣味线条。角落的沙发卡座相当舒适。可容纳多人的木质长桌，其实是利用废弃栈板搭配铁件重新组装而成的。

摄影：叶勇宏

要点　由于屋高较高，需于空间正上方装设灯具，以弥补中央光源的不足。

要点　20世纪60年代的复古灰蓝，辅以裸露管线铺陈，形成怀旧复古风格。

要点　天花板以圆弧造型收边，呼应壁面圆弧曲线设计，而且比起直角，圆润线条在视觉上更舒服。

要点　投射灯的灯数依照室内空间大小而定，通常会将灯光转向墙面，运用反射光照亮空间，光线更显柔和。

273

274

273

木格栅兼具划分空间与照明功能　空间因需预留管线，因此造成天花板高低不一。设计师于是在天花板设计木格栅，利用格栅修饰天花板高低交接处，同时也借此作为客厅与餐厅的隐性界线，格栅里安排接近的黄光白光LED灯，带点黄色的光源可保证亮度并为空间注入温馨气息。

图片提供：明楼室内装修设计

274

管线规律排列塑造秩序美感　由于只有夫妻二人居住，将空间完全开放，展现悠闲自在的生活区域。同时全室刷白，刻意裸露天花板的管线、灯具，在素净的空间中、线性且规律地排列成为瞩目焦点，也带入些许不拘小节的风格。

图片提供：里心设计

要点　灯具光源往上打，利用反射产生间接照明效果，光线也因此变得更为柔和。

275

275

柔和光线营造助眠的舒适氛围　阅读和休憩空间需要宁静、沉稳的氛围，因此在光线的规划上，选用温馨的黄光与间接照明，让空间散发放松舒压感。窗户搭配调光卷帘调整采光与亮度，不用担心阅读时过于昏暗，也让室内光源有更多层次变化。

图片提供：明楼室内装修设计

276

水晶珠光映照出奢华质感 所谓品味藏在细节中，混搭着奢华气息的美式风格客厅中，先以舒适美式家具作为基底，搭配新古典的九宫格天花线板，并在其间融入间接灯光、嵌灯与水晶灯珠等多层次的照明设计，营造出光影丰富的舒适氛围。

图片提供：艺念集私空间设计

277

金属铁件体现天花板的刚性特质 在开阔的空间中，运用木质天花板暗示书房区域，而在客厅与餐厅区则以黑色金属铁件的围塑，搭配内藏嵌灯的光源设计，解决了天花板灯光与梁体过低的问题，同时也展现出现代空间的利落美感。

图片提供：近境制作

要点 为了不抢去主灯风采，每个九宫格都沿边设置间接照明，加强反射效果。

276

要点 灯罩四周选用金属材质，透过本身的反射效果，让光线更显柔和。

277

第3章

地板
×
素材表现

地面的铺陈就是为空间打底，其素材的材质样貌、色系透露出风格和设计巧思，展示着空间的基本样貌。不论是单一或拼接素材的地板，都能展现空间的韵味。

水泥粉光
粗犷与细致兼具的特征

摄影：叶勇宏

水泥粉光是早期常见的装潢地坪，由水泥、骨料和添加物等材质依比例混合。其粗犷无机质的质地，可经过磨平展现细致的表面。自然的原始样貌常搭配金属材料，呈现出的工业风或Loft的氛围广受大家喜爱。因此原本多用于商业空间中的水泥粉光，也逐渐成为居家常用的材质之一。

搭配 水泥粉光常与木地板、砖材拼接搭配。可运用木材的暖度中和水泥的冷冽；若要与砖材相搭，则可选用粗糙面的砖，效果最佳。

工法 施工前要先整理好地坪，不可有废弃物，同时要做好防水工程，避免出现漏水问题。

图片提供：欣磐石建筑・空间规划事务所

图片提供：六相设计

279 石材
最原始的地质面貌

石材经过长久的风化产生出独特的色泽和纹理，能展现居家的精致感，在空间中最常使用的是大理石、花岗石、板岩等。具有奢华感的大理石能带出大气的空间气息，板岩则天生具备如岩石般的纹理，多半用于卫浴地面，营造自然感受。

搭配 大理石地面多与砖材、石材、木材搭配。由于大理石表面光滑、反射性高，建议可选用有抛光表面的砖材，相辅相成营造光亮洁净的空间氛围。

工法 大理石地坪多以干式施工法施工，若与木材或砖材相拼贴，要注意完成面的高度是否一致。

280 木地板
木质肌理增添暖意

天然的木材不但触感温暖，更散发原木的自然香气，温暖的特性有治愈、放松的效果。一般来说，浅色木材能表现清爽的北欧空间，而深色的木色则具有东南亚风情和中国情调。再加上通过不同的表面处理，可呈现刷白、炭烤、仿旧等不同质地，让居家样貌更多元。

搭配 木材的温暖质地，不论是搭配何种材质都很适合，具有中和的效果。

工法 木地板若与水泥、石材相接，需先施工石材或水泥地面，且以夹板事先区隔出范围，才能有效防止泥水外流。

图片提供：原晨室内设计

281 砖材
各式纹理任君挑选

款式多样的瓷砖，其组成原料有石英、陶土等成分，能做出烧面、雾面或抛光面的瓷砖。除此之外，运用不同技术能制作出各式花色和纹路，仿造木地板刻痕的木纹砖，亦或是具有金属锈蚀质感的锈铜砖，都能强化居家的风格。

搭配 一般具有光滑面、反射性高的砖，适合现代、高贵的精致空间，通常可选择大理石等类似质感的材质搭配。若是想要质朴的居家氛围，则最好选用具有粗石面的陶砖施工。

工法 施工前地面必须平整，否则瓷砖无法完全附着于地面，容易造成翘曲的情形。

重点 减少过多的面材，使空间素材统一。天花板采用无线板设计，以间接
光源满足照明需求。

282

一发不容收拾的天然之美 大理
石因有不同质地而可展现多元的风
貌。设计师选用纹理较细腻的大理
石，从电视墙延展至地面，直至走
道。同时辅以白且素净的墙面和天
花板，再次凸显统一的主题。

图片提供：鼎瑞设计

283

山水云海迎接归人 天然幽静的石
材纹理在进门处迎接家人，踩踏在
山水云纹之上，宛如身处云雾渐起
时分的日月潭。使用银灰石石英砖
铺排自然意象，摆脱非大理石不可
的用材思维。

图片提供：杰玛室内设计

重点 地面砖材一路沿壁面向上延伸，模糊地板界线，削弱
浅色区块在深色空间的突兀性。

✦ 要点　沙发地板铺上地毯不易清理，改以磐多魔和实木地板铺陈，易于维护。

284

磐多魔地板巧妙变身客厅地毯　沙发区地面看似铺设了地毯，其实是由浅色的磐多魔地板和搭配黑色铁件烤漆组成，展现现代时尚的生活品味。施工时须先完成沙发区地面的水平铺设后，才能进行铺设其他区域的实木贴木地板。

图片提供：邑舍室内设计

285

◈ 要点　廊道两侧的墙面于低处增设光源，同时在上方拉出灯带，行走其间更
具趣味。

285

厚切的廊道，多变的斜面　屋
型较长有廊道过长的缺陷，地面
与墙面分别运用磐多魔和水泥粉
光两种相近的材质，达成统一的
视觉效果。两侧微倾的墙面塑造
出上窄下宽的走廊，将电视墙、
房间入口与收纳柜同步整合。
图片提供: 石坊空间设计研究

286

花砖铺得比地毯仔细　打开门，
一脚踏入家中，地面的图案花砖
带领你到达厨房，为自己沏一壶
茶，再来到餐桌，坐下来小憩一
番。原本较狭窄的走道和厨房空
间都因为抢眼的地砖，而变得宽
敞且更有魅力。
图片提供: 六相设计

◈ 要点　抛光花砖不放过每个转角和细节，包括收纳柜的下
方，使餐厨和玄关合为一个完整的区域。

287

灰色地板呼应水泥屋顶 配合水泥天花板的原生特色，透过木质素材糅合天地的设计概念，染上灰色的木地板延续天壁的水泥格调，具有木质的温润，也同时持续散发微工业感。选用人字拼法搭配古典气质的家具，为空间增添一丝优雅。

图片提供：甘纳空间设计

看点 一般的45度角接缝比较容易不平整，采用人字拼法可避免该问题。

288

用自然光调节室内景致 大片落地窗将屋外的自然美景纳入室内，地面的花岗石有着深浅不一的自然纹理，清浅的米色系色调与轻柔光线相互调和，无论是朝阳还是晚霞都能谱出曲调宜人的光之旋律。

图片提供：鼎瑞设计

看点 电视墙面的唐山黄石材，质地天然，仿佛将户外的明媚引入客厅。

289

◇ 重点 深色的地板与白色厨具形成对比，而嫩黄砖墙又成为了视觉焦点。

289

地板的不同拼排方式，暗示区域的转换 选用百年橡木钢刷地板，木疤及损痕为房屋营造深沉内敛的质感。ㄇ字形的厨房与中岛吧台、餐厅之间本无分界，用木地板圈围出用餐区域，在中间地带改以人字形拼排方式暗示区域的界线，符合内敛的空间风格。

图片提供：杰玛室内设计

290

水波荡漾的诗意 由于面积较小，因此不刻意分割客厅、书房与餐厅。设计师通过全室统一地坪材质整合3个区域，大面积铺陈超耐磨地板让视野更开阔。选用纹理丰富、深浅对比明显的地板，与砖墙的斑驳肌理相呼应，同时结合窗外河景，将波光水漾转化为地板纹路，更具诗意。

图片提供：CONCEPT北欧建筑

◇ 重点 从地面、门片直至天花板，选用相近色系的木材，创造统一的视觉效果，也塑造丰富层次。

291

291

棋盘式拼贴展现大气风格 为了能彰显大宅玄关的特色，设计师特别挑选银狐石与黑金石做大尺寸切割，再以棋盘式的拼贴排列，让宾客一入门即可感受到宽敞玄关的气度，而黑色石材也可顺着边框延伸铺贴进入室内。

图片提供：尚展设计

292

黑白地砖制造立体效果 卫浴内部采用的釉面砖，具有强烈的视觉装饰效果，一路自内部铺贴至外部墙面，最后延伸到仅一墙之隔的半开放式厨房，创造出另类的空间焦点。釉面砖也易于保养清理。

图片提供：KC Design Studio均汉设计

292

黑白对比的地面完美衬出美式住宅风格，而石材的光感与细微纹理则突显尊贵自然感。

特制调色的釉面砖透过拼排，创造3D立体视觉，让原本低调的厨房空间更具特色。

293

◆ 要点　纹理细腻的梧桐木，分别运用于地面、厨房柱面以及客厅背墙，展现出不同风格细节。

293

梧桐木编织出的西洋韵味　业主曾居住在中西文化撞击的租界区洋房，设计师以带古典韵味的餐桌椅和钉扣沙发，衬托大面积的人字形梧桐木地面。造型仿若俄罗斯堡顶的玫瑰色吊灯，点亮了木色空间。

图片提供: 石坊空间设计研究

294

层层木波浪，营造舒适氛围　以斜拼的方式在客厅铺设海岛型木地板，温暖的质地和特色的木板走向，使整体氛围更轻松！大门入口的玄关和开放式厨房皆位于客厅的对面，此区以磐多魔作为地板保护膜。

图片提供: KC Design Studio均汉设计

◆ 要点　磐多魔地面方便清洁，不用担心进门的尘土和厨房油渍。

295

木石纹理转换为暖心色阶 从厨房、轻食吧台到餐厅,设计师以银狐大理石、古木纹石材与木地板三种不同地板材质做转换,不仅划分出空间区域,也让原本不在视觉中心的地面成为美丽焦点。

图片提供:尚展设计

296

美观又经济的木纹塑胶地板 运用木纹塑胶地板铺陈全室,其实木般的色泽,展现温润的空间底蕴,再加上有裂痕蛀孔的表面纹理看起来更为自然。同时点缀灰蓝色调的柜体和家具,使居室中飘散着森林迷雾般的幽静。

图片提供:AYA Living Group

295

餐厅以木地板提供温馨质感,另两款石材则可满足厨房区易于清理的需求。

296

木纹塑胶地板的纹理十分逼真,表面的肌理压纹也能做出钢刷效果的浮雕,是不错的替代建材。

297

造型模拟异材质对话多维空间 13楼的单人住宅，方位坐南偏西，通风采光佳，无潮湿顾虑。因此极致地使用空间，以草垫和无边榻榻米铺设在客厅和卧房合一的区域，与切边利落的块状不锈钢板天花板相呼应。

图片提供：本晴设计

298

西方风格与东方品味的邂逅 现代的欧风简约家具，遇上古典韵味的东方老家具，毫不造作的磐多魔灰色地面，成为最佳的展示场地。客厅左右两侧具镂空特性的柜体，覆盖上皮革、木头、镀钛板的皮层，与家具、家饰相对应。

图片提供：石坊空间设计研究

重点 架高地面铺上防潮防虫的草垫，下方附设有滚轮的抽屉增加了收纳空间。

重点 磐多魔的施工考量着师傅的功力，除了平整之外，更须使其展现深浅不一的自然纹路。

✦✦✦ 重点　利用铁板可凹折的材料特性，形成新的地面皮层。

299

让地板如折纸般掀起诗意　借由折纸的概念，将平面铺陈的地板，转化为立体翻掀的皮层，虽是静止的物件却让空间产生流动的效果，而地板也不再只是陪衬的背景，成为城市橱窗内耐人寻味的一页诗。

图片提供：CJ Studio陆希杰设计

300

人字拼活泼空间，延伸视觉　人字拼地板若用在大面积空间上，可营造空间的丰富层次，辅以多种自然材质交错打造，尤其在玄关或走道间更能形成方向感，并增添视觉延伸的效果，让卧房看起来更大。

图片提供：邑舍室内设计

✦✦✦ 重点　人字拼工法较为耗材损料，建议设计在局部空间。

301

302

要点 刻意挑选仿造木板纹理的长条尺寸木纹砖,呼应天花板材质以及整体自然休闲风格。

要点 石材面积是够大,所以不做收边处理,让石材在地面自然展开,展现更丰富的纹理质感。

301

混搭模拟自然风格,呼应户外环境

黑色板岩砖打破玄关界线,铺设至公共区域与木纹砖接合,形成一条引导路径的动线,并严格与天花板设计对应。公共区域的木纹砖以水平向铺设,持续垂直往墙面延伸,与起伏的造型天花板保持一致的方向,通过引导视线增加空间的视觉面积。

图片提供:尚艺室内设计

302

泼墨石材给人留下大气的入门印象

玄关地面以咖啡带金的凡赛斯大理石展现奢华气派,就如同欧洲贵族爱用动物纹样显示尊贵,似泼墨山水的大理石花色造就出磅礴的气势,展现奔放无惧的气度。

图片提供:境庭国际设计

303

要点 软木塞地板从公共区域绵延至私人区域,让地板呈现更宽敞的画面效果。

303

软木塞地板提供暖适生活 软木塞地板虽与木地板同样予人温馨空间视觉,但在实际踏感上却更舒适,尤其在冬天更觉温暖。此外,软木塞地板因表面有防水功能,若非大量水倒在地板都只需轻擦即可,保养清理也很方便。

图片提供:尚展设计

304

掌握施工顺序，铺设不同材质地板　公共区域通过造型修饰难以避开的天花梁，并且隐藏空调设备及出风口。地面对应的天花板处位置以复合材质划分区域，木质地板从入口延伸一条廊道，进入内部空间。客厅区域则铺设人造石，表现精致大气的质感。

图片提供：王俊宏设计/森境建筑工程咨询（上海）有限公司·
摄影：KPS游宏祥

304

305

恣意涌流的黑色瀑布　大胆采用深色系的大理石，仿如水波的浅色纹理，在灯光的照射下，涌动的黑色河流肆无忌惮地奔腾，从墙面一路流向整个空间，展现出磅礴的气度与张力，丰富空间背景，增加不同的层次变化。

图片提供：鼎瑞设计

◆　重点　地板由人造石及木地板两种不同材质铺设而成，在施工顺序上应先以较不易变形的石材先行施工，然后再铺设木地板，最后以收边条整合衔接处。

305

◆　重点　依照业主喜好选用低调的高质感家具，在不同面材间获得平衡的美感。

要点　特意改变床沿左右侧木材排列的方向，巧妙地勾勒出私密区域。

306

一路伴随框景的悠长回廊　房间之外的公共区域以温润柚木包覆天花板与壁面。为延续"框景"意象，继续将柚木运用在走道的天花板、地板和壁面上，表现出空间一体性，木纹的走向起到了视觉导引的作用。

图片提供：相即设计

307

超耐磨木地板一路延伸至书房、卧房等区域，透过相同材质创造大气而完整的空间。

307

仿旧质感展现工业、人文氛围

在业主喜爱的禅风基调之下，混搭工业风的硬体结构，呈现了充满个性的面貌，灰黑基调也展现出工业特色。然而考虑到住宅所需的温馨氛围，地面特别选择相近色调、纹理略粗的木地板进行铺设。

图片提供：怀特室内设计

308

卡布奇诺色的家居风格

新住宅在交房后已完成石英砖的地板铺设，为营造温馨的感觉，设计师选择卡布奇诺色的超耐磨木地板，直接以卡榫的方式铺设在原有的地面上。局部运用在餐桌背墙上和波浪纹装饰板搭配，美化了空间立面。

图片提供：六相设计

餐桌背墙的喷流式出风口，不仅有装饰效果，实际上也是利用墙后天花板埋藏管线，正面则是作为空间的出风口。

要点 地面施工需先铺好左侧木纹砖，再进行右侧区块的粉光泥作工程，这样才能无缝连接两种材质的地板。

要点 黑、白色相邻的大理石地砖交接处，可运用专业的石材填缝技法，实现完美的无缝过渡。

309

三色木纹砖呈现律动感　设计师于柜台后侧规划鲜艳桃红色背板，成为进入空间后凝聚目光的焦点。地面选择低调的水泥粉光与条状木纹砖做配衬背景，特意裁切木纹砖形成锐角拼贴，令延伸地壁的三色地砖呈现律动感。

图片提供：怀生国际设计

310

宛若星光大道般的闪亮迎宾廊道　客厅铺贴大面积的白色大理石地砖，营造华贵大气的居家氛围。同时在玄关与客厅区域采用黑色大理石，并以内嵌灯箱的方式，打造宛如星光大道般的华贵迎宾空间。

图片提供：界阳&大司设计

要点 地面选木地板与地砖异材质拼接，需以白铁条填平交界处的缝隙。

311

270度趣味回旋廊道　通往寝区的过渡廊道运用木地板与灰色地砖拼贴而成，延伸至廊道尽头。值得注意的是，天花板灯光线条宽度与置中木皮宽度一致，视觉上就像从地板延伸至壁面，再回转至天花板，形成270度的趣味回旋画面。

图片提供：怀生国际设计

312

青花瓷砖营造复古氛围　作为内外转换区的玄关，因为需与室内空间有所区隔，同时也考虑到鞋底脏污的问题，因此选择以不同地面材质做设计。而此案中特别以复古的青花瓷图案砖来搭配拱形门框与木横梁等，营造美好年代的复古氛围。

图片提供: 尚展设计

313

水泥粉光的色彩变奏　涂抹保护漆是水泥粉光地板施工的必要工序，刻意将涂抹过程中不均匀的色块变化予以保留，随着时间的变化形成如油彩般的丰富纹理，也与斑驳的墙面相映成趣。

图片提供: CJ Studio陆希杰设计

312

在玄关端景墙上选用青花瓷挂画，搭配青花瓷地砖更显出设计巧思。

313

适度保留施工过程中涂抹保护漆时产生的变化色泽。

314

木、石、景，导入陶渊明的桃花源　玄关
入口对着房子庭院，特意开窗引景并放置原
木块当作穿鞋椅。地面呼应山石写意风格而
选用大地色系的青玉石，土色与青绿交缠，
既混合也扩散，沉淀出天然雅致的格调，与
窗外的自然景物产生和谐对话。

图片提供：境庭国际设计

315

当原味柚木遇上俏丽花砖　南法风情为空
间的基调，地面以偏红的柚木地板为主，为
区隔淑女区与熟女区，除采用不同的柜体陈
列饰品，更在淑女区采以蓝、白、灰三色立
方体花砖局部勾勒俏丽气质。

图片提供：KC Design Studio均汉设计

314

玄关的画面由前至后、由上到下，透过窗
景、木石材质进行层次性的铺排，形成氛围
一致的布局。

设计师特别保留具有白标和木节的柚木地板，呈现木头原始风味。

要点 水泥地面与木地板的施工以软碰硬的原则进行，在确定木地板厚度后，先施工水泥地面，再依照正常程序铺设木地板。

316

新思维演绎旧素材，创造材质新价值 空间秉承着重新演绎旧材质的理念，地面利用回收木料创造出另一个崭新的环境，并且将回收木料与衔接水泥处作为划分区域的界限。倾斜的划分线与天花板悬吊的实木条相呼应，打破理性的空间关系，改变看待材质的角度。

图片提供：沈志忠联合设计/建构线设计

317

以不同材质划分区域，让光线流动 国外回来的业主喜爱下厨，因此设计功能齐全的开放式厨房作为空间中心。为了创造空间的开阔性，刻意不做出明显的界线划分，而是利用石英地砖与木地板区分出厨房与客厅，让光线能自由流动，也能透过隐藏式拉门分隔空间。

图片提供：尚艺室内设计

要点 石英地砖与木地板两种材质，有不同的铺设工法，必须先精算材质厚度，施工时才能达到平整的效果。

318

水泥色调带来复古纯朴的味道 为了呼应裸露钢架结构的天花板，地面选用水泥为基地的磐多魔。借由天地素材的对话表现Loft率真随性的空间感。没有分割线的开阔地面，包容着线性天花板，缓和线条的凌乱感，让画面回归单纯。

图片提供: AYA Living Group

318

磐多魔可以直接施工在原来的地板上，但须注意保持地面的平整度。

319

水泥本色展现原始工业风格 保留原材料的质感，才能体现最自然的空间美。因此通过水泥粉光的地面与木头、砖墙搭配，传递素材天然的韵味。柜台则以镜面创造反射效果，将视线从地面引至立面，同时冷硬的质感与天花的黑色管线相呼应，毫无保留地展现水泥本色。

图片提供: 曾建豪建筑师事务所/PartiDesign Studio

319

现场采用水泥粉光作为无接缝的地面设计，地面粉光后再做EPOXY表面处理，减少地面的污染。

320

磐多魔是以水泥为基材，有着简洁与平滑的外貌，可表现最纯粹的设计风格。

320

质朴又纯粹的磐多魔地面　将电视墙对应梁体位置，将休闲空间分成两部分。由于采光佳，客厅采取磐多魔材质，水泥色天花板和素面地板表现质朴沉稳的空间个性。

图片提供: 形构设计

321

木纹砖让大浴室更温暖自然　浴室因环境潮湿，在地板材质挑选上看重功能，因此多半以有防滑效果的瓷砖或石材为主。但因为此浴室格局颇大，希望能有更温暖的空间感，所以地面主要以木纹砖铺贴，画面上也增添几许自然美。

图片提供: 尚展设计

木纹砖以横直双向拼贴，让纹路更活泼，而降板浴缸则以石材衔接，界定出不同区域。

重点　　深色木地板与石纹砖的交接让空间分界，各自形成不同风格。

322

以不同材质地面分界，形成两种不同的风格　通过不同的地面材质形成区域界线，客厅铺陈大面积的深色木地板，再辅以不锈钢板金属材质，呈现时尚工业风格。餐厅则以特殊的石纹砖铺陈地面，并与长形桌体及嵌灯轴线相配合，打造出延伸的视觉感受。

图片提供：大雄设计Snuper Design

323

在澎湃与静谧之间穿梭 玄关地面采用大理石铺就，大气的风格引人入胜。而客厅采用的素净磐多魔地面却仿若毫无波澜的宁静湖面，金属色泽的门框，连接着风格迥异的两个地带。

图片提供：相即设计

324

人字贴法营造高雅氛围 大户型住宅中的卧室都以人字贴做地板造型，转换公私区域过渡时的视觉感受，塑造人文风格。海岛型地板选择橡木材质，以宽幅约6厘米的条状地板拼贴，同样的素材也可见于天花板横梁与床头皮革上方部分，令空间更具整体感。

图片提供：奇逸空间设计

323

✦✦ 看点　流明天花板将灯具都收在亚克力板之内，造型骨架彰显设计风格，光线朦胧倾泻而下，与地面相辉映。

324

✦✦ 看点　人字拼地板为长70厘米，表皮厚300条（3毫米）的橡木海岛型木地板。

325

326

采用黑白两色体现庄重大气的质感，亦延续黑色双开大门的视觉效果。

由于结合了两种不同地板材质，拆除地面后必须以木地板、砖材的厚度确定水平线，才可达到无接缝的效果。

325

经典黑白地面大气奢华　玄关运用拼花大理石彰显奢华风格，古典图案像是家徽被运用在空间各处——鞋柜立面、把手与端景面板的浮雕，在视觉上不显纷乱。图案也呼应着天顶垂吊的意大利水晶灯，使整体空间和谐、统一。

图片提供: 权释设计

326

玄关落尘区铺设砖材更好清洁　约120平方米的老房子格局重新规划，玄关入口考虑耐用性、灰尘堆积的问题，因而铺设方便打扫的石英砖，并顺应工业风格选择仿旧色泽的款式，室内区域则为温润舒适的超耐磨地板，将其作为空间转换的标志。

图片提供: 怀特室内设计

327

客厅采用浅色木地板取代地毯，餐厨区则使用仿石瓷砖，材质不同。

327

沿廊道拼贴不同材质　通过不同的地面材质界定各个区域，搭配吧台台体导引，区划顺畅的动线与界线分明的使用空间。铺设浅色木地板为客厅注入温润质感，开放式餐厨区则以自然仿石材质的瓷砖，让地面色块清晰易辨。

图片提供: 大雄设计Snuper Design

328

拼花大理石展现大气气质　大理石在居家空间中的运用，常能在视觉上带来质感的提升，更能展现出空间的高贵气质。玄关使用拼花设计，新古典米黄大理石为地板的主要材质，造型好似地毯，用来迎宾也大气十足。

图片提供：欣磐石建筑·空间规划事务所

329

宛如矿层晕散般的真实　缎光石面最能呈现豪华自然的效果，公共空间使用仿大理石纹路的进口地砖铺满整个地面，在节省预算的前提下，最大限度提升空间质感。同时，地板呼应电视墙的洞石墙面，维持一贯的大地色系，共塑细腻温润的时尚居家风格。

图片提供：境庭国际设计

328

◈ 要点　由于公共空间需考虑采光，地面可选择亮面石材，利用本身的反光特质增加空间明度。

329

◈ 要点　每一块砖的纹路皆不同，随意拼排即能创造出自然鲜明的地面形态。

330

运用多种元素，展现地道乡村风 这是为曾经旅居美国的夫妻所打造的美式乡村风空间，公共空间开放宽敞，展现美式舒适风格，并巧妙运用架高地板、复古砖的变化，利用高低的空间层次，隐性界定出书房、客厅、廊道的范围。

图片提供：亚维空间设计坊

330

 要点　玄关入口至客厅廊道以复古砖为主，搭配抿石子做出框架并收边，创造出如块毯般的效果。

331

三角地砖增加餐区设计感 宽敞空旷的公共空间主要选择以木地板来呼应全室的质朴风格，但为了增加设计的丰富性，同时也让餐区的定位更明显，设计师在餐桌下以砖材铺贴出三角地带，带来不同视觉感受。

图片提供：原木工坊

331

要点　复古砖和木地板材质与颜色上的差异，让大面积的地板不会显得沉闷。

332

333

客厅与玄关之间，不锈钢条细腻勾勒出地面上两种材质的界线。

长条形仿木纹砖常有翘曲问题，需由经验丰富的泥作师傅事前详细检查，且在施工时用打底水泥随时调整。

332

鹅卵石光带成为客厅与书房的分界

进门后的玄关石材地面清亮易保养，书房的壁面和电视柜相结合。为了隐藏电视管线而垫高书房地面，嵌入的光带与周围环绕的鹅卵石小径，居高临下，悠然而静谧。

图片提供: 相即设计

333

斑驳木纹展现海边小屋度假风情 卫

浴空间铺贴西班牙进口斑驳仿木纹砖，用黑色、咖啡色与金色印刷出模拟海边度假小屋的上漆木条遭风化、盐分侵蚀而泛白的木纹花砖。延续地壁的无边界设计，达到延伸空间视觉的效果。

图片提供: 九思室内建筑事务所

334

木花泥地板除需事先设计图案外，还须先灌浆再对花镶嵌上木板，工法上更为复杂。

334

花样水泥地板让满室生香 在创意感十足的工业风

餐厨空间里，美丽的水泥地板可说是抢尽风头了，设计师除了选择工业风常用的灰色地板，还在地面镶嵌木花图案，让空间散发手工艺术感。

图片提供: 原木工坊

335

重点 运用深色大理石地板在室内空间做出区隔，悬空于鞋柜底下的光源制造更丰富的层次。

336

重点 通过墙面对灯光的反射，展现石材、木料与布艺质感，传达空间情绪。

335

深浅对比凸显石材的存在　依据古典奢华的风格定位，玄关处的地面以大理石彰显尊贵，近乎黑色的石材饱含石矿结晶，搭配灯光的投射，波光粼粼宛如宝石般闪耀，在华丽的风格之外增添艺术气质。

图片提供：境庭国际设计

336

感受不同质地的冲撞　房间为营造柔和的空间氛围，地面的灰色石材延伸至壁面，紫色系材质从壁面跳脱出来，散发浪漫的神秘气息。素材与照明相辅相成，在明暗之间反映出不同的层次交错。

图片提供：TBDC台北基础设计中心

337

重点 利用不同材质划分空间区域，并在玄关规划集尘沟槽，便于打扫。

337

静静聆听纹理的呢喃　一进入玄关，地面的大理石纹理引导着目光，朝通透的屏风望去，清晰可见石材楼梯的侧面；随着步伐转入客厅，我们能感受到白灰色调石材地砖给不同区域带来的不同风格。

图片提供：TBDC台北基础设计中心

338

玄关地坪拼花优雅初见印象 因业主本身旅欧的生活经历，设计师融合优雅迷人风情的新古典风，从进入玄关起，地面上铺设了云墨般黑白拼花大理石，搭配大地色的主色调，展现了低调又大气的空间。

图片提供：大雄设计Snuper Design

339

玄关图案彰显空间设计主题 将整体空间的圆弧设计概念，延续至入口玄关地面，以大理石拼贴出图案，让原本单调的大理石地板因此变得更瞩目，比邻的廊道在拼法与图案上则更加大胆，借此与入口玄关做出空间区隔，同时也具引导前往主空间的作用。

图片提供：拾雅客空间设计

338

要点 欧式简约的大理石拼花地板，进入玄关就能感受其优雅气质。

339

要点 地面大理石材选择与周边材质相近的颜色，利用相近色系统合视觉。

340

◆ 要点　瓷砖必须先在工厂加工将铝条嵌入，最后再以一般砖材铺设的工法完成即可。

340

镶嵌铝条增加丰富变化　自大厅顺延至走道的地面，设计师在简单的瓷砖之内镶嵌铝条，通过由繁至简的图案律动，在平淡中创造丰富的变化。

图片提供：水相设计

341

冷暖材质调配最佳温度　虽借由地面高度的落差区分了空间属性，然而为避免空间被冷酷地一分为二，特别定制了横跨高低两区长短脚餐桌，让业主在使用时感受到客厅和餐厅的紧密关系。

图片提供：TBDC台北基础设计中心

341

◆ 要点　地面底处使用磐多魔材质传达清爽简约概念，高处铺设温润暖和的木地板，相互调和。

✦ **看点** 地面黑白对比带来的强烈视觉感受，恰恰凸显了电视墙面的分量感。

342

线性定义异材质美学 从玄关沿着电视墙一路延伸的线性木地板区块，有效地拉伸了空间。与电视墙倒影般地呼应，连续分割面的柜体和木地板纹理对话，布局别出心裁。同时拼接大面积的地砖，营造雍容大气的空间氛围。

图片提供：馥阁设计

343

架高地板内放置备长炭，同时于墙面边缘预留透气孔，加上先以锡箔垫为底再铺设榻榻米，达到隔绝、排放水气与地气的效果。

343

添加锡箔垫、备长炭，隔绝水气更保温 接待亲友的和室空间采用传统榻榻米和室作法，选用布边榻榻米加上1：2的万字形铺设，打造纯正的日式风格。材质上则是选用具3层构造——保温、缓冲、蔺草构成的榻榻米，重量轻也能吸湿，平常翻面晾晒也极为方便。

图片提供：日作空间设计

344

材质充分延伸，展现广阔空间 设置折叠拉门，让厨房能够随着需求开放或封闭；客厅的地面材质为白色石材，有意超越隔间折门的界线，直到厨房内部的工作区才使用花岗岩地面材质，白色石材的越界让客厅看起来更为宽敞。

图片提供：TBDC台北基础设计中心

344

花岗岩地板不仅使厨房空间更为深邃，还有防滑、易清洁的特性。

345

镜面反射的趣味玄关设计 一进门的玄关采用黑色木制天花板，以"投影手法"将色块反射到地面，令黑色金属砖成为倒影。由于天花板与柜体不相连，所以地面瓷砖周围留白，让视觉效果更加真实。深色的玄关与彩色的自然风居室做出区隔。

图片提供：奇逸空间设计

346

顺光延展的空间视感 在仅有一墙之隔的起居空间和廊道中，地面、柜体运用相同的木素材相互串联呼应，产生统一的视觉感受。开阔的落地窗有效引入光线，打破内外隔阂，地板则顺光铺设，随光影延展空间视觉；廊道则采用斜拼，展现不同的空间趣味。

图片提供：馥阁设计

345

玄关金属砖与木地板于接缝处使用同色填缝剂、采用拼接方式，保留单纯材质属性。

346

廊道的地板特意斜向铺设，有助于视线向外扩展，消除狭窄的过道感受。

347

348

 要点 花哨的砖材运用在小空间有聚焦效果，而用在大面积空间则容易失焦，且会因视觉杂乱而产生烦躁感，需谨慎使用。

要点 六角造型砖的拼接界面多，拼接时需小心对齐勾缝，并找好起砖点才能让地板的铺排具有整体性。

347

随兴拼贴制造惊艳效果 比起规矩的瓷砖，设计师选用斑马纹砖，利用其不规则的花色，拼贴出有如抽象画的随兴图案，让容易被忽略的玄关地面更具趣味，让人一进门就有惊艳感，独特的花色也具有与主空间分界的作用。

图片提供：拾雅客空间设计

348

轻快北欧风！小花增加沐浴的愉悦
借由暖黄的墙面跳色和六角形瓷砖的铺排，展现活力俏皮的空间风格。别出心裁的小花拼贴，取用芬兰印花品牌Marimekko的设计元素，北欧风格成为空间的亮点。

图片提供：CONCEPT北欧建筑

349

要点 水泥粉光地面的纹路会依照材质比例的不同，而产生不同的纹理。

349

由地而生的水泥质感 整个空间选用自然素材设计，运用水泥粉光地面铺陈空间底蕴，带来宛如原始地质的空间体验。吧台延续地面材质，以木作外覆水泥的做法创造出流畅的弧形收边，使原本应该看起来生硬的水泥材质展现亲和力。

摄影：叶勇宏

350

大理石拼花注入奢华韵味　一进门便能看见一道柜墙围成玄关区域，预先留出缓冲空间，再采用经典的大理石棋盘拼花地砖，流露出玄关低调奢华的韵味。恰到好处的图形比例，提升空间质感，也丰富视觉层次，让家中的小区域格外有型！

图片提供：馥阁设计

351

异材质木纹地板拼出功能与空间感　热爱踢踏舞的夫妻，平常想在家练舞，却又担心瓷砖声音会太过清脆，设计师特别将餐桌区域铺设木地板，其他空间则维持木纹砖材质。当餐桌移开时，就变成夫妻俩的舞台，虽然是不同材质，然而借由纹理、色泽去创造相近一致感，书房则以横向拼贴增加空间感。

图片提供：德力设计

 玄关地面首先要耐刮磨、好清理，因此坚硬的消光面石材以及各类型的防滑地砖都是不错的选择。

重点　木地板下特别增加两层棉垫，再加上一层夹板，可减缓跳舞时的声音传导，以免影响楼下邻居。

352

借材质与色调转换区域　因不想让小厨房受到隔间墙阻碍而做开放设计，但在格局上仍需与餐区、客厅有所区隔。此时不妨利用地板材质转换区域，一深一浅的配色让界定更清晰。

图片提供：原木工坊

352

353

如画框般框出自然放松的小角落　杉木从天花板一路转折至墙面、地面，打造一个大型木框框住落地窗位置，有如画框效果。纹理明显的木材与户外窗景相呼应，迎入自然景色，打造放松悠闲的休憩角落，感受都市里难得的绿意闲适氛围。

摄影：叶勇宏

重点　白底灰花的厨房瓷砖还具有抗脏、防油污的优点。

353

重点　由于会经常踩踏，因此选用耐磨耐损性较高的杉木。

354

355

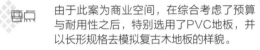
由于此案为商业空间，在综合考虑了预算与耐用性之后，特别选用了PVC地板，并以长形规格去模拟复古木地板的样貌。

天花板与两边的墙面、柜体造型，都是以清爽迷人的米白为主，起到了视野放大的效果。而木地板与地砖相近的大地色，则让整体色温达到最佳。

354
人字拼PVC地板，兼顾预算与氛围
这是一间264平方米的泰式风格居所，整体空间以木质结合工业元素设计，展现不同风貌的泰式空间。全室选择以PVC地板铺设为人字形，加上独特的复古、仿旧质感，打造随兴自在的舒适氛围。
图片提供：怀特室内设计

355
地面不同材质综合应用 玄关是访客建立第一印象的地方，设计师们往往会希望，通过玄关准确地传达业主与众不同的美学观点。例如，若是较精致的素材，如质地精美的复古砖，可以塑造优雅的美感，若是以有图案的大面砖为主，边缘加衬小方砖，则塑造类似包框的立体美感。
图片提供：上阳设计

356

地砖采取菱形拼法，有效延伸空间视觉，展现开阔视野。

356
怀旧材质打造隐私小空间氛围 半户外地面利用仿陶砖的怀旧质感，为空间创造出有如欧洲小餐馆的惬意氛围，也呼应原始红砖墙与木墙的质朴感。座椅采用四人一桌的搭配形式，希望在增加座位数之余，也不要变得太过拥挤，让空间失去原本的闲适感。
摄影：叶勇宏

357

▦ 查点　每个白色方格瓷砖都采取等距排列，展现规律的律动秩序。

358

▦ 查点　地面略微抬高一个砖面的厚度，围出落尘区的范畴。

357

局部拼花的图案美感　玄关入门处在壁面融入古典线板，并以石材拼贴地面，结合多层次天花板设计，给人古典美的视觉印象。设计师通过混搭营造特定区域的边界效果，黑色大理石与白色方块拼接，展现强烈对比，也顺带增加细节的精致度。

图片提供：演拓空间室内设计

359

▦ 查点　水泥地坪表面容易起粉尘也易吃色，因此表面需涂布一层保护层。

358

灰镜与深色地砖打造沉稳范　玄关墙面运用施华洛世奇水晶镶出别致标志，贴在玄关的灰色镜面墙上，流露精致奢华质感。灰镜与深色地砖相搭，带来沉静雍容的过道感受，在进入室内前先沉淀心灵。地砖延伸入内，与木地板相接暗示空间的转换。

图片提供：界阳&大司设计

359

展现最原始的风格样貌　一开始即设定粗犷的工业风格打造空间，因此先以质朴的水泥地坪为空间打底，如云朵般的纹理呈现丰富的视觉感受，辅以裸露红砖和天花板，呈现最原始的空间样貌，营造极粗犷的格调。

摄影：叶勇宏

360

不同材质地面结合集中视觉焦点　磐多魔材质地坪从公共空间延伸至主卧，这里打破单一材质的运用，嵌入斜拼木地板，因为不同材质的色感及质感落差，视觉集中在中央区域成了焦点，温暖的木地板也使下床踩踏时有较舒适的感觉。

图片提供：尚艺室内设计

361

二手木材铺就的怀旧情调　空间相当注重绿能环保，地面使用近几年很受欢迎的水泥粉光工法，并在靠窗的区域铺设回收再利用的木地板，区隔动线，也让空间增加层次变化。

摄影：叶勇宏

在施工磐多魔及木地板工程时，应先铺设木地板，再涂布磐多魔，较能达到接缝紧密结合的效果。

先施工水泥，再铺设木地板，才能完美拼接，且不致有水汽入侵木地板。

拆除原有地板，重新铺设复古砖，砖面图案则随意拼贴，创造丰富层次。

用切割成不同宽度的木丝水泥板拼接，创造视觉律动，让空间不致单调。

362+363

多彩复古砖打亮空间　厨房位于格局角落，在无自然采光的条件下，日照稍显不足。因此餐厨区利用通透隔间引入光线，墙面运用明度较高的草绿色打亮空间，地面铺设意大利进口的复古砖，多彩的图案为空间注入盎然生机，同时也有效防止油烟脏污。

图片提供：原晨室内设计

364

中性的灰色有效沉淀心灵　由于家中常有长辈进出，因此为了保持玄关的畅通，小茶几与穿鞋椅靠墙摆设，留出最大空间通行。地面选用木丝水泥板展现自然素材的风韵，中性的灰色有效沉淀纷扰，稳定心灵，客厅则转用清浅的木地板，为空间注入一股暖流。

图片提供：明楼室内装修设计

365

平面与凿面的肌理反差 家中进出频繁或容易沾染水汽的地方，通常也是隐藏危险之处，例如玄关。平时这里供成员出入，若是户外下雨，难免雨具、身上的水滴会掉落地面，因此玄关地面材质一定要具备防滑、耐磨两个特点，其次再考虑美感。

图片提供：上阳设计

366

复古元素的完美混搭 小小的卫浴空间以锈铜木纹砖铺陈壁面，营造出斑驳仿旧的时代感，地面则刻意选择单色欧式花砖。不同材质呈现同样复古的面貌，使空间风格统一，同时也完美展露工业风与乡村风的巧妙混搭。

图片提供：摩登雅舍室内设计

就算是一样清爽的米白色系地砖，但砖面不同的消光面（客厅）与凿面（玄关）处理，能让空间层次立刻丰富起来。

选用古典图案的花砖，温暖的格调中和粗犷的工业风格。

367

要点 拼贴时填缝剂选用中性的灰色，与米黄大地色的瓷砖同调，让视觉不
显突兀。

367

柔美的南法韵味 浴室中央以跳色
置物柜呈现稳定而对称的空间感，墙
面则以三种尺寸、多种窑变烧制而成
的复古砖拼贴而成。柔和的大地色系
延续至地面，选用同系列的瓷砖拼
贴，既古典又现代，营造出些许的南
法乡村风。

图片提供：相即设计

368

368

人字拼地板显露古典韵味 墙面涂
抹洋溢维多利亚风情的蒂芙尼蓝色，
靠墙一座大型金属格柜释放淡雅的复
古美感。同样的设计延续到地面，运
用人字拼纹展现轻古典氛围，整体流
露浓浓的欧式古堡情怀。

摄影：叶勇宏

要点 为了与深色家具搭配，地面选择浅色木纹相接，打亮
空间。

369

菱形花砖交错呈现活泼律动　从入门玄关便能看见一道宛如地毯般的砖面引领视线，除了作为玄关与客厅空间的界线外，复古砖的铺设也具有落尘、防潮的功用。浅橘与砖红色交错铺陈，菱形的排列让视觉充满律动感，注入活泼的气息。

图片提供: 原晨室内设计

370

手工复古砖创造明净效果　远眺观音山淡水河出海口的名宅，设计师将淡水河面波光粼粼的景象延伸至室内。因此，公共空间地面以意大利仿旧复古砖铺陈，手工不平整的仿石纹立体面带来波光明净的效果。

图片提供:水相设计

369

要点　复古砖与木地板的高度需事先确认，统一尺寸，避免有高低差。

370

要点　砖材表面选择半抛光，并选择米灰色调，平衡男女主人不同的风格喜好。

371

372

要点　水泥、铁件和实木交错使用，展现自然风味。

371

如云朵般的自然风味　这间仅有30多平方米的屋子，以最原始的素材展现空间风格，如云朵般的水泥粉光，表面再漆上一层亮光漆，在灯光的映照下散发光晕。同时门片采用铁件、实木构成，相同元素延伸至墙面的开放层板，一致的元素让空间变得更简单更有型。

摄影：叶勇宏

372

同色系的不同材质拼接延伸视觉感受　为了让开放的大厅有内外区隔，地面以同色系石材与木地板拼贴，隐约区隔出玄关与餐厅，搭配轻盈的铁件吊台，制造层次变化。木地板与墙面石皮之间也铺贴部分镜面材质，让地坪的视觉向镜内延伸，创造更宽广的空间感。

图片提供：近境制作

要点　事先算好木地板与石材的高度，交接处才不会产生高低落差。

373

地面入画的泼墨效果 一入玄关便可见到地面铺设的天然石材，泼墨效果的不规则纹路，展现开门见山的时尚品位，并规划铁件屏风，赋予屏蔽效果与展示功能，营造带有穿透感的视觉层次。整体空间采用深色系材质铺陈空间底蕴，营造高贵的精致质感。

图片提供：艺念集私空间设计

374

迎宾大厅的磅礴大气 在300多平方米的商业空间中，利用各种材质的多层次堆叠，塑造出大气磅礴的气势。接待处地面选用双色木地板相交拼接，变化角度的拼法充满丰富的跃动层次，用竹片构成的天花板，以层递的设计手法，呈现出开阔的空间感。

图片提供：艺念集私空间设计

373

❖ 看点　由于仅铺设于过道，因此需注意对纹方向，在宽度较窄的廊道中，横向拼法展现多层次效果。

374

❖ 看点　斜角拼接的方式容易损料，事先需多备料以防不足。

375

375

展现原始斑驳感　拆除地砖后，设计师刻意让地板露出水泥斑驳原貌，并借此呼应天花板上灰色结构性钢板线条以及铁灰色古典线板壁纸、书柜等元素，表现了多元混搭的丰富空间性格。而弯曲线条的造型栏杆则巧妙地放大地板面积，增加空间立体层次。

图片提供：怀特室内设计

376

376

转换地面材质暗示空间过渡　刻意在空间中沿墙拉出L形的中岛区，不仅扩大作业范围，也能随时与客人互动。地面以木地板和水泥粉光不同材质暗示工作区和座位区的转换，木材边缘加装铁件铸钉，增添细致手工质感。

摄影：叶勇宏

377

充满跃动的人字拼地面 全室拆除隔间，仅运用家具区分空间。在无明显玄关的情形下，入门廊道运用水泥粉光，转折入内则改以人字拼地坪铺陈，暗示内外区别。刻意选用较细的木地板展现高密度的趣味。

图片提供：里心设计

378

风格强烈的地砖制造视觉焦点 为了延续空间中一贯的工业风格，除了使用水泥地面外，入门的会议区选用仿旧的锈铜木纹砖，每块皆不相同的斑杂木纹带来纷杂错落的律动感，意在呈现强烈的视觉感受，将此块区域塑造成极具特色的空间重心。

图片提供：摩登雅舍室内设计

让水泥板模为空间定下基调，再以橡木实木配上旧式的人字拼工法，装饰空间，交融出一种冲突的和谐。

砖面选用蓝灰色系，冷色调的运用为空间注入冷冽氛围。

379

380

◆■■ 要点　刻意选用同色系的瓷砖和大理石，让地板与墙壁在视觉上连成一体，带来完整的空间视感。

◆■■ 要点　若想使用两种以上的花色，可利用相同色系统一视觉，让空间花俏之余也保有利落感。

379
纹理相同的不同材质创造和谐视觉效果
电视主墙使用的是卡拉拉白大理石，为了能与自然石材对话，地面使用了带有石材纹理的抛光石英砖，墙面色泽较浅，地面较深，两种独特的材质创造和谐的视觉效果，使空间别具品味。

图片提供：大雄设计Snuper Design

381

380
多种花色拼贴带来丰富的视觉体验
卫浴空间的地面采用灰色系木纹砖，砖面的旧木纹路让地板看起来自然且不会过于呆板。湿区与干壁面使用相同尺寸的板岩砖，减少过多分割线造成视觉杂乱，淋浴区的涂鸦墙相当抢眼，也给空间带来趣味。

图片提供：明楼室内装修设计

◆■■ 要点　为了不切割砖面，运用风车式拼贴法铺排黑白两色砖。

381
黑白复古砖构成视觉画面
起居室地面刻意采用菱形铺贴，同时内嵌黑色粗面砖，黑白相间的设计，创造视觉律动效果。砖面特殊的磨损凹凸痕迹让空间更具风韵，流露出如欧洲古世纪城堡般的隽永韵味。

图片提供：上阳设计

382

蕴含时间肌理的粉光地面 延续客厅的自然风格，卫浴空间全以水泥粉光和木材营造舒适的空间感，随时间而显露使用痕迹的水泥地面，富有时光流转的韵味。搭配清质玻璃拉门区分干湿区域，透入自然光线，提升空间的亮度。

图片提供：石坊空间设计研究

383

典雅与科技感的冲突搭配 电视主墙与梁柱结构整合为一体，以镀钛金属包覆，利落材质给空间增添不少科技时尚感。同时，卡拉拉白大理石铺排客厅区域，高贵大气的氛围油然而生，塑造融合典雅与科技时尚感的居家空间。

图片提供：近境制作

382

要点 地面与天花板材质选用相同的水泥粉光，有效延伸视觉，也为空间带来冷冽质朴的韵味。

383

要点 大理石地面和镀钛金属的表面相互辉映，不同材质的搭配，制造视觉冲突的美感。

384

马赛克砖廊道暗示阳台空间　为了彻底解决壁癌问题，将部分女儿墙切割，改为大片落地窗，但窗框的线条延续女儿墙的既有高度，让阳台的元素得以在室内延续。利用白色马赛克砖铺陈地面与女儿墙，让空间有延伸的效果，视觉上有更丰富的层次感。

图片提供：大雄设计Snuper Design

由于为纵长形空间，木地板纹理与空间平行，以最大尺寸铺排，有效延伸视线。

385

地壁合一的视觉效果　地板和沙发背墙选用同样的卡拉拉白大理石，让地面与壁面融为一体，产生延伸效果，空间更显大气。一旁的钢构喷白漆楼梯，搭配木质踏板，扶手采用整块透明玻璃加不锈钢，不占空间更显轻盈。

图片提供：金湛设计

地面、壁面以同样山形纹对花，展现精致的对称美感。

386

菱形地砖的拼贴较耗损料，因此需事先预留较多数量的材料。

386

大气的客厅空间 地面以60厘米×60厘米的木纹砖采用菱格拼贴铺砌，斜向的铺排有效扩大视觉空间，木色质感与大地色家具创造出自然氛围。沙发后方的柜面使用茶镜，辅以美曲板染色作为面材。整体呈现沉稳厚实的大气空间格调。

图片提供：德力设计

387

不同材质界定区域，保留空间开阔感 为维持空间开放感，设计师不以隔墙作为区隔，而是利用两种不同地面材质界定内外区域。玄关考虑到落尘与清洁问题，采用深色木丝水泥板制造水泥粉光地板效果，主空间则以超耐磨木地板营造温润质感。两种材质可同时由木工施工，既省时也省钱。

图片提供：明楼室内装修设计

387

木丝水泥板施工结束后，需在表面上一层保护漆，增加耐用度。

388

透过材质的拼接将空间一分为二，界定区域。

388

异中求同展现对比魅力　超耐磨地板从客厅延伸
至廊道，衔接了公、私动线，餐厨区改以浅色的瓷
砖铺陈。客厅与餐厅通过对比，在开放区域中各具
特色，却又借素材纹理质感统一在自然主题中，动
静皆宜的空间魅力不言而喻。

图片提供：尚艺室内设计

389

古朴自然的暖调空间　卫浴延续公共空间的缤纷
欧风格调，运用砖红色的古堡砖贴覆地面与壁面，
带有粗犷质感的表面流露仿旧气息，规律的砖体排
列展现欧风城堡印象。一旁则运用铸铁五金和镜面
相衬，整体塑造古朴自然的空间氛围。

图片提供：摩登雅舍室内设计

389

勾缝预留3毫米，选用米灰色的填
缝剂铺贴，展现欧式隽永韵味。

390

以地面材质引导动线　业主希望一回家就能转换心情，于是设计师在进门的落地柜体上使用温润木材，地面则铺贴质朴复古砖，利用两种材质的质朴特性，打造无压、轻松的玄关印象。主空间则运用触感舒服的木地板，与玄关材质相异，却也延续治愈、自然的主题。

图片提供：明楼室内装修设计

391

仿大理石砖营造现代古典氛围　延续主卧房的轻古典的氛围，宽阔的卫浴选择铺设仿大理石纹的砖材，自地面延伸成为壁面，通过随意拼贴展现自然感，也回应空间的风格主题。

图片提供：水相设计

390

◆ 要点　在玄关与主空间交接处，利用地面的高低差，防止玄关区落尘，也明确界定内外区域。

391

◆ 要点　淋浴间的仿大理石纹砖材做了拉槽工艺处理，具有良好的防滑作用。

392

393

表面涂有保护层的水泥地面，具有微微反射效果，带来光亮洁净的视觉感受。

地面瓷砖选用与墙面相近的大地色系，相同的色系塑造和谐的空间。

392

展露原始粗犷风貌　还原墙面原始面貌，展现红砖、水泥的原始粗犷韵味，为了与墙面相搭配，选用灰质的水泥地面，中性的灰能有效稳定空间。镀锌铁板隔墙漆上明亮、勾起食欲的橘色，让这道特别的隔墙成为最引人注目的一道墙，冷色调的空间也有了温度。

摄影：叶勇宏

393

复古砖铺陈低调乡村风　因业主喜欢乡村风，但又不希望太过匠气，为此选择在浴室的地面铺上典雅色调的复古砖，通过同款砖的三色混搭排列营造出大地般的舒适氛围，而墙面则以烤漆玻璃、镜面与水泥等材质展现洁净利落质感。

图片提供：AYA Living Group

394

大面积的水泥地砖可展现大尺度的空间气势，浅灰的自然色泽亦能稳定重心。

394

天地素材相交呼应　在充满二手或老件家具的质朴空间中，展现原本的挑高优势，不做天花板而以原始面貌呈现，对应到地面上，选用水泥地面相呼应，呈现一致的材质元素。自然素材与复古老件相辅相成，展现浓厚年代感。

摄影：叶勇宏

395

锈铜砖与石材墙面 主卧浴室内希望能营造出更具自然意象的洗浴环境，分别在地面与壁面以石砖与石材做铺面，浓黑的锈铜砖与极具张力的石纹，充分凸显出高雅闲适的生活品味，也映衬对比独立式浴缸洁白、优雅的线条，让洗浴成为一场美的飨宴。

图片提供：近境制作

396

运用适量花砖，提升商业空间层次感 空间的砖材运用在层次堆叠上十分明显。水泥与木头的基底之上，再以花砖作为工作台面的装饰，一来增加店里的亮度，二来透过工作台区域的灯光，让整个用餐空间更为有气氛。

图片提供：KC Design Studio均汉设计

395

◆ 重点 锈铜砖表面选用半抛光的材质，可加强摩擦力，避免湿滑。

396

◆ 重点 花砖刻意从台面至地面延伸而下，成为木材和水泥粉光之间的媒介。

397

地板向内延展增加空间深度　入门玄关先运用铁件从木、石天地中架构出一座虚实相间的屏风柜体，让玄关视觉具有穿透感。选用深、浅两种木色沿柜体做分界线，将公共区一分为二，玄关处利用向内延伸的地板，拉长空间景深。

图片提供：近境制作

398

细长过道凝聚焦点　在大面积的空间中，以仿石板砖铺陈全室，展现自然的空间氛围，灰质的地砖助于沉淀心灵。沿窗选用黑色观音石砖铺过道，宽窄不同的比例，经过细致拼排，活泼的律动感油然而生，深浅对比的色系也为空间注入活力。

图片提供：沈志忠联合设计/建构线设计

397

 看点　深浅木色的对比有效划分区域，作为区域转换的暗示。

398

 看点　黑色观音石砖选用米白色的沟缝铺陈，线条划分更为清晰，展现绝佳视觉比例。

399

399

砖材作为勾勒地面的边框 不同材质的使用，除了可以创造出反差、对比之美，其实还有边框作用！客厅和廊道之间以浮影系列石英砖为主，但到了一旁的餐厨区则改用木地板。木地板仿佛嵌入砖面中，而瓷砖像是绲边一般，展现华美质感。

图片提供：大雄设计Snuper Design

400

清浅板岩砖展现真实页岩的粗犷个性

单面开窗的卫浴，壁面铺贴大面积棕黑色页岩，不规则的锈蚀斑点、沉积纹理与地面灰米色板岩砖形成强烈反差，突显源于自然的粗犷风情。再辅以浅色木材作为台面，让整体色系不致过于沉重。

图片提供：AYA Living Group

400

◈ 要点 　施工时，必须先铺陈抛光石英砖，在与木地板的边界上以夹板和塑胶布区隔，避免水泥渗漏。

◈ 要点 　页岩薄片除了要记得涂布防护漆防锈外，施工前得实际拼组一遍，避免相近石片厚薄落差过大而显得不自然。

401

要点　在施工水泥地面前需将场地整理干净，避免产生裂痕。

401

水泥粉光为空间打底　在开阔的空间中，为满足光线充足的要求，全室墙面选用白色提亮空间，再以水泥地面为空间打底，塑造中性沉稳的格调。具有云朵般纹路的粉光水泥丰富空间形态，搭配高明度的蓝色柜体，创造视觉焦点，空间造型更为多元立体。

摄影：叶勇宏

402

402

不同砖材彰显空间趣味性　为了在现代味道中创造变化与趣味性，设计师在墙面使用文化石材质，结合灯光所产生的质朴味道，为餐厅带来舒适、放松气息。在地面上运用不同色系的石英砖做拼贴，既是界定用餐环境的设计，也彰显视觉趣味性。

图片提供：大雄设计Snuper Design

要点　中央区块留白，四周铺陈黑色瓷砖，仿若地毯绲边般精致。

403

黑白石材增强浴室的光亮　主卧浴室内黑、白双石材的搭配和如泼墨般不规则的水画线条，营造出大气氛围。面盆区侧边的不锈钢材层板，与白玉般的石材意外和谐，辉映出柔和光芒。同时加上造型婉约的白瓷面盆与五金龙头，让洗浴的每一瞬间都十分优雅。

图片提供：近境制作

403

404

砖材结合光带凸显细腻的味道　在这个空间里，设计者减去部分天花板高度，顺势拉高了整体空间。为了延续效果，地面以浮影系列石英砖来做铺陈，部分雾面、部分亮面，搭配着光带的运用，凸显出质地特色。

图片提供：大雄设计Snuper Design

🔲 要点　地坪与洗手台面选用相同材质，统一的元素让空间不过于复杂。

404

🔲 要点　以雾面瓷砖占大部分空间，有效稳定空间重心，再点缀小块的亮面瓷砖，展现细腻质感。

405

406

要点 地转施工顺序为先沿柱体铺设，由内而外施工，再沿壁面由下而上。

要点 木质纹路的方向与空间深度方向平行，有效延伸放大空间。

405

由下而上制造的错落美感 此柜位有个大柱子，设计师在结合品牌形象色彩后，运用花砖拼贴整支柱体以及地面，不同花色拼贴出来的律动，自然地掩盖了缺点，让柜位的视觉性变得更为强烈。

图片提供：KC Design Studio均汉设计

406

木质墙面延伸而下 在小型的咖啡馆中，以大量的木材铺陈全室，顺墙面而下，让视觉有所延伸，也营造小空间的温润氛围。同时桌椅刻意选用深色，以便凸显家具主体，也让空间呈现立体层次。

摄影：Amily

407

要点 除了木地板之外，也可选择具有缓冲力的软木地板，更能保证小朋友的安全。

407

为小朋友打造专属空间 考虑到小朋友与大人使用空间方式不同，因此利用不同的地面材质，将空间做出区隔，开辟出一块小朋友专属区域。温润木质让空间更加温暖，也能让小朋友不易跌伤。墙面漆上鲜艳的蓝绿色，吸引小朋友目光，柜体材质则延续地面，选用相似材质。

摄影：叶勇宏

408

金属光泽彰显奢华美感 这间高挑宽敞的浴室，无论是地面还是壁面均选用金属砖铺陈，深色金属砖微微反光，彰显空间气度，也实现业主喜欢的奢华风格。而为了增加画面丰富性，在浴缸侧边主要墙面贴上同款花砖，避免画面过于单调。

图片提供：AYA Living Group

409

大理石廊道引导动线 从玄关延伸到室内的地面石材，有效引导室内动线，石材与木地板的交错运用，也让客厅区域相对独立。地面选用与主墙相同色系的石材，使得主墙气势可以转折延续，大量丝滑质感的石材，也让全室具有更柔美的光感。

图片提供：近境制作

要点 瓷砖花纹搭配时，选用同系列素色与花纹相互交错使用，加强视觉的律动感。

要点 大理石地面需固定抛光，以维持表面平滑和光亮。

410

✦ 要点　在玄关处选用粉光水泥，易吸水的特性使人在雨天进出也不怕弄脏室内。

410

六角砖的复古意象　这是一栋位于宁静
社区内的两层楼老屋，延续原始老屋的风
格，先以水泥粉光铺地，将屋外的水泥地
意象延伸到屋内，辅以旧时常用的六角
砖，复古怀旧的气息油然而生，与裸露钢
骨、水管的冷冽金属质感形成冲突美。

图片提供：里心设计

411

黑白对比的复古地面　向往电影画面中
时间仿佛凝固的沐浴时光吗？在采光充沛
的卫浴空间中，大气铺陈一整面黑白交错
的地砖，规律的菱形铺贴，展现身处复古
典雅时代的空间气息，再搭配奥罗拉大理
石墙和经典造型的浴缸，创造经典时尚的
卫浴空间。

图片提供：鼎瑞设计

✦ 要点　菱形拼贴的方式不但具有复古意味，也能延
伸空间视觉。

412

优美蝴蝶纹展现清丽姿态 业主偏好强烈的石材纹理质感，因此全室选用大理石材铺陈，特殊的蝴蝶纹路展现优美而宁静的氛围。浅米的大地色系，有效稳定空间。蝴蝶纹路恰恰与入口处的直向纹理形成隐性的地界区隔，有效暗示区域的转换。

图片提供：水相设计

413

大气石材彰显质感 空间墙面选用素雅的透光玉石打造，浅色系为空间展现素雅面貌，对比之下，地面采用有着丰富纹理的大理石，复杂的纹路与玉石墙面相得益彰，体现大气的居家质感。

图片提供：水相设计

412

透过石材纹理的不同拼贴，带来跃动且不显单调的视觉感受。

413

石纹方向依照空间深度而定，彰显一体成型的气势。

414

◆ 要点　若要选择石材铺设地面，建议在挑选时要以深色且不易吃色的材质为佳。

414

细腻质地展现精工气息　玄关向来是宾客入门看到的第一道风景，因此特别选用璀璨的金色梦幻板岩与安格拉珍珠两种石材分别铺设地面和墙面，带有细微闪耀的板岩呈现精致大气的空间气息，塑造出优雅而沉静的空间氛围。

图片提供：鼎瑞设计

415

415

清新自然的木质空间　整体运用三种以上的木质元素铺陈空间，天花板运用黑铁和实木格栅交错，展现大气空间。墙面选用纹理深刻的木皮展现线条的美感。地面选用颜色最浅的木地板，同时依纹路顺光排列，让光线无形中向内延伸。

图片提供：邑舍室内设计

◆ 要点　地板刻意选用较浅的木色，有效提亮空间。

416

金属光泽彰显奢华美感 主空间以大面积的白为主，玄关位置则需要赋予空间沉稳感受。因此玄关地面选用深色烧面花岗石铺饰，借由深浅两色明确界定出内外区域，并与壁面置顶高柜相呼应，成功给予稳重又大气的入门第一印象。

图片提供：明代室内设计

417

复古砖围出餐厨区域 复古红砖遍布餐厨区域，透过菱形的排列营造乡村风格，也在无形中界定空间范围。为了化解屋顶过低的空间感受，设计横梁天花板时留出原始高度，再利用灯光的辅助打亮空间，有效拉高空间视觉高度。

图片提供：摩登雅舍室内设计

416

玄关空间需考虑落尘及清洁问题，因此选用深色木地板，既符合空间风格，也可满足实际生活需求。

417

砖缝需预留2～3毫米，以防热胀冷缩导致瓷砖突起破裂的情形。

第4章

地板
×
功能设定

地板除了可以确定空间风格，某种程度上也具备使用功能。像是架高木地板的收纳区、具有升降桌的榻榻米地板、防滑防跌倒的功能设计，甚至也有让轮椅轻松通过、扩大通道宽度的贴心设计。

418 防滑防跌
针对幼儿和高龄者的设计

图片提供：摩登雅舍室内设计

家中若有小朋友或是年迈的父母，需要特别注重地板材质的选用和设计，像是利用橡树做成的软木地板，本身具有些许的弹性，能有效缓冲跌倒所产生的撞击力。或是在卫浴选用粗糙面的瓷砖，能避免滑倒。另外，全室地面建议不要有高低差，若室内有廊道或门口，可再加宽宽度，不论是轮椅进出或是小朋友跑跳都能更为顺畅。

优点　加强地面的应用功能，单一的材质使用下，创造附加价值。

工法　若是想要做出无障碍的通道，建议要留出约90～100厘米的宽度，让出空间以便轮椅进出。

图片提供：摩登雅舍室内设计

419 收纳
让空间使用达到最大值

架高木地板除具有区分空间功能的作用外，若是利用木地板下方多余的空间，便能创造空间的最大收纳量。一般来说可于地面上做出上掀式的收纳柜，或是利用侧面做出抽拉的抽屉，收纳面积大小和深度会被五金的尺寸所限制，因此多半不能做得太深。

优点 善用架高区带来的多余空间，提升使用坪效。

工法 采用上掀式或抽拉式收纳方式，由于常会踩踏地面，因此需要角材支撑地板面材且收纳的面积不能太大，以免导致收纳区凹陷或是五金损坏。

图片提供：权释设计

420 升降桌
不占空间的好用功能

可分为手动式和电动式的升降桌，一般多用于日式空间，可节省放置桌子的空间，有效提高空间使用率。一般来说，电动式升降桌费用较高，且有事后维修的可能，因此建议选择信誉良好的厂商。若是使用频率较低，选择手动的升降桌，就能避免电动式产生年久失修的困扰。

优点 增加书写、用餐空间，不额外浪费空间。

工法 若为电动式，需预留线路位置，并计算好高度，避免地面与桌板之间有落差。

421

要点　通过架高地板扩大坐卧的使用范围，让空间运用更方便。架高区尺寸：688.6厘米×238.7厘米×40厘米。

421

升降桌让多功能区的功能更完备　家中常会有宾客到访，因此特意增大多功能区的腹地，运用架高区的设计维持空间的宽敞，方便连接公共空间内的使用者，并提供空间更多功能。四组升降桌可作为亲友聚会时的用餐桌，同时也辟出一块能悠闲阅读的区域。

图片提供：甘纳空间设计

422

客厅、餐厅与画室就地成型　考虑到业主喜欢与朋友聚会，为融合客厅与餐厅功能，将双面坐的客厅沙发嵌入架高的地面中，另一侧植入长1米多的杉木原木桌，可坐可卧。画室位于加高平面上，不用担心弄脏家中木地板。

图片提供：石坊空间设计研究

要点　若把折叠门拉出，关上画室布帘，客厅与餐厅便摇身一变成为可休憩的双人客房。

423

🔶 要点　卧榻后方是落地窗，需预留窗帘的深度和轨道空间，高度也能仅规划一个踏阶的高度，避免造成阳台出入的不便。收纳区的尺寸为260厘米×100厘米×25厘米。

423

为家辟出一处亲近阳光的小天地　受限于客厅宽度，仅能摆一张双人沙发，因此在窗边开辟架高区域，低矮的台阶可当座席，也是享受自然光的阅读区。底部规划抽屉式的收纳空间，专门收放小朋友的玩具，也让孩子有机会养成自己动手收拾的习惯。

图片提供：CONCEPT北欧建筑

424

◈ 要点　在原有的地板上再铺设一道白色皮层，引导卧房的行进动线。

424

展开空间的立体画轴　不同于一般墙面隔间手法，此空间
利用地板的高低层次制造格局界线，开端的微妙卷曲让空间
成为一幅立体画轴，让生活的场景在卷轴里的世界展开。

图片提供：CJ Studio陆希杰设计

425

大理石砖辅以安全灯带 卫浴营造媲美五星饭店的奢华风情，设计师以仿大理石进口砖加上黄色灯带，让高低差的地板多了一道安全保障。墙面悬挂黑框的大圆镜，反射灰色大理石砖，呈现果冻状的梦幻效果。

图片提供：欣磐石建筑·空间规划事务所

426

间接光带营造飘浮功能区块 架高书房区位于玄关右侧，20厘米的架高高度搭配间接灯光，让整体洁白空间更显轻盈。左侧置物架是此处的发光起始位置，以人造石、玻璃、烤漆铁件组装而成。以玻璃为主体结构，下方为白色人造石，层板则为白色烤漆铁件，灯箱内需辅以结构体强化层架载重。

图片提供：界阳&大司设计

425

使用大理石砖可避免出现大理石易生雾及水垢等情形。

426

置物架的灯箱需采用雾面玻璃，才能妥善隐藏灯管，并强化内部结构。

427

串联厨房，孩子与父母的亲子天地

地面架高区隔出多功能房，搭配玻璃拉门暗示空间区隔。透明的玻璃门串联多功能房与厨房，放学后孩子在此写作业、家长也能安心在厨房料理晚餐，增进家人的互动。桌子加装机关，有需要时可收起，将空间作为客房使用。

图片提供：CONCEPT北欧建筑

428

双色地面增加阅读室功能　不同的地

板材质可创造不一样的空间质感，通过大理石材与木地板的材质转换，让同一空间具有桌椅区跟坐卧区两种不同的生活功能，也呈现出冷暖各异的空间感。

图片提供：金湛设计

427

重点　除了可自由升降的桌子外，桌子四周划分八个收纳区，宛如九宫格的设计，达到空间运用的最大值。收纳区尺寸为长55～90厘米、宽45～90厘米、高40厘米。

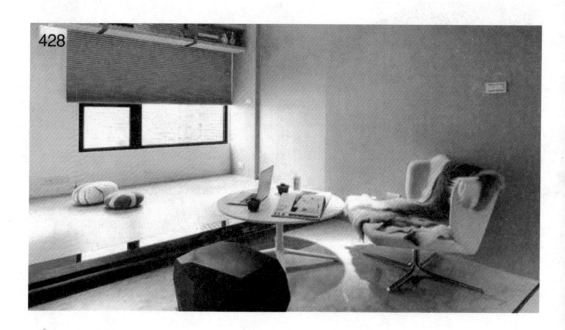

428

重点　利用架高木地板与金属宽板线条明确两个功能区的定位。

429

◈ 要点　木地板以及架高区均使用同样的黑色木地板，仅通过横竖贴法与高低差区隔，利落分明亦维持整体感。

429

架高区整合零碎空间　设计师利用零碎空间，以架高地板的方式整合收纳高柜与楼梯下方的空间。延伸至窗边的卧榻，提供复合式的儿童游戏区及休闲空间。以地区的高低差当作区域界线，保持空间的通透。

图片提供：甘纳空间设计

430

从地而生的灰，接续内与外　本案将卫浴拆解，分别设置洗手台与如厕间，也因垫高45厘米架设榻榻米地板，给予浴缸足够的空间。采用清水模灌造的方式，将榻榻米区外的地面与浴缸连成一体。

图片提供：本晴设计

◈ 要点　清水模地面大胆延伸至阳台的露天厨房，水泥料理台面结合特制不锈钢罩，保证其不被雨淋。

◈ 要点　窗边矮台顾及升降桌的使用便利，设计不同开门方式的收纳柜，外侧两边以开门式，中间两区则是上掀式，避免影响到坐在柜体前方的人。架高收纳区尺寸：长60厘米、宽30厘米、高40厘米。窗台收纳区尺寸：长190厘米、宽39厘米、高71厘米。

◈ 要点　低调灰色的圆弧地板上错落摆放的圆凳像一个个美丽的音符。

431 + 432

地面向上扩展，营造幽居茶室　设计师将最靠近屋外山林的空间角落规划成茶室，企图打造幽静惬意的静心之地。架高地板作为坐卧之处，也有区隔空间之用。内部置入升降桌方便使用，同时增设窗边平台摆放茶具，特意预留内部的收纳空间，可满足业主的收纳需求。

图片提供：权释设计

433

旋律优雅的同心圆舞台　空间中的钢琴凸显出艺术特色。设计师利用建筑本身的造型，在地板做出圆弧架高舞台来摆放三角钢琴，并搭配浅灰色同心圆地板，展现律动美感。

图片提供：金湛设计

434

素材让空间沉淀，也形成内外分界 玄关的氛围是沉淀宁静的，除了用佛首与木材制造进门印象，还使用水泥板岩为底材，使人仿佛踏入宁静山林的岩石屋，淡雅基底给予家人无形的沉静力量。

图片提供：杰玛室内设计

435

不同地材长出的隐性隔间 长形格局的廊道底端为开放式更衣室，走道从磐多魔地面过渡为烟熏橡木，说明已进入卧房空间，独立出来的双面洗手台兼化妆台，仿佛拉出的一道隐形围篱，地面材质再次转换成灰色石英砖划分了空间功能。

图片提供：石坊空间设计研究

434

 粗糙的水泥板岩，可以防止污尘飘入室内，深色的玄关地面与起居室内的浅色木地板的交接处是区域转换的界线。

435

架高卫浴地板是为了埋入管线，木踏阶暗示着空间的切换，灯带的置入更制造悬浮错觉。

436

要点 在木地板与石材交接处利用高低差的地形设计坐垫，除提供更多座位外，也显得更休闲。

436

降板起居区营造低调奢华的氛围
作为休闲区，其设计重点在于提供让人放松的空间。因此，除了将墙面的橡木素材延伸至地板，通过清晰木纹营造自然感外，起居区地面则以降板设计结合石材营造出低调奢华的安稳氛围。

图片提供：金湛设计

437

架高收纳却也更靠近窗外 小面积的空间无法在立面增加收纳空间，因此将储物功能与地面结合。位于客厅旁的架高和室包含大量的收纳空间，并加入活动桌增加功能。平时是个与阳光相伴的阅读区，把桌子降下时则变平整的休憩卧榻与客房。

图片提供：CONCEPT北欧建筑

437

要点 顾及视觉的统一，地面底下的收纳以九宫格进行分割，中间规划为桌子，其余则是储物空间。每格收纳尺寸长75厘米、宽75厘米、高40厘米。

438

复古小花砖彰显乡村风格　为了让开放厨房的区域更明确，可从地板的材质或瓷砖花色入手。在这充满乡村情怀的可爱厨房中，设计师特别挑选复古色调的小花砖，成功地区隔了餐厅与厨房，同时也让湖水绿色的橱柜更显色。

图片提供：尚展设计

439

架高走道创造生动形态　利用架高手法来区分不同空间，为小面积区域提供多种使用可能。因此在空间内部的走道采取架高的方式，借由背墙的内缩达到公私区域的区划，一来界定区域的属性，二来若有朋友来访时，架高区也可作为长凳使用。

图片提供：甘纳空间设计

438

在厨房内选择复古色花砖，有抗油污、不显脏的优点。

439

选用超耐磨木地板，较为防滑耐刮，并利用深浅不同的地板划分不同空间。

440

 雾面的拼花砖具有易清洁和防滑的特点，架高地面以片状不锈钢板利落收边。

441

要点 木地板的纵向延伸具有引导作用，全区同材质的铺排，搭配无门槛的设计，有效放大空间。

440

踏上一级台阶，来到飘浮卫浴区域
依附于主卧的卫浴以"门廊过道"的方式和睡床尾端相接，带来更宽敞的空间感。因管线导致的高低差，顺势让卫浴空间上提，外侧地面刻意内推，卫浴看起来仿若离地飘浮。

图片提供: 石坊空间设计研究

441

过道有效延伸空间视觉 利用空间的重叠增加视觉上的开阔感。书房与卧房的使用空间有一部分也是过道，功能重叠的做法增加了两个区域的面积，也维持了空间的整体性。

图片提供: AYA Living Group

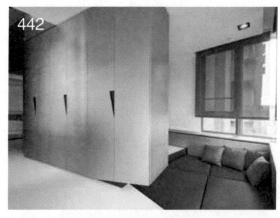

442

 自卧榻区出来后，即为与另一侧主卧空间相互串联的半开放更衣区域，于环状动线上安置设施，满足各种需求。

442

依附地面的柔情转角 收纳柜后侧即为地面架高的主卧床，设计师利用角落空间的高低差，创造出另一个卧榻区域。就寝时能分别控制调节明暗的照明设备，满足睡眠与暂时性阅读的照明需求，避免各自作息不同所产生的相互干扰。

图片提供: TBDC台北基础设计中心

443

猫咪进出的最佳通道 主卧希望包含起居功能，因此通过地面高度的差异，区分卧寝和起居两个区域。卧寝区下方设置抽屉，增加收纳量。让人惊艳的是，床铺下方也有猫咪进出一、二楼的通道口，创造富有趣味的生活空间。

图片提供：里心设计

444

餐厨区也有花样年华 与客厅零距离相接的餐厨空间，选用易清洁又好看的六角形釉面砖随机拼接，宛如用彩色颜料细腻地勾勒出了两区边界，在地面、料理台、开放式柜体的局部裸露墙面都画上了美丽花纹。

图片提供：KC Design Studio均汉设计

 卧寝区架高20厘米，以便设置抽屉，也留出适宜猫咪进出的通道。

 釉面砖的图案为手工设计，流露出手工艺的温度，和客厅宁静的磐多魔地材达到互补效果。

445

445

露台侧边利用下方空间纳入植物盆栽，同时纳入光源，可作为夜间照明使用。

445

无中生有的夜间飘浮露台　利用原始庭院本身的伸缩缝高层差，选择碳化南方松作为露台的表面材，利用此间距再拉出另一符合人体工学的台阶，且添增照明，使整体露台有更轻盈的视觉效果，也确保了行走的安全。
图片提供：相即设计

446

悬空木地板增加两边面积　先将客厅与书房做开放格局，接着再把电视矮墙与阅读工作区的架高木地板结合，让两个不同功能的空间相互独立，但在空间感上却因相通而有放大效果，阅读区更由木地板延伸至客厅。
图片提供：浩室设计

446

悬空设计的架高木地板，巧妙地让瓷砖地板也有放大效果。

447

架高书房丰富层次也增加收纳空间　客厅后方架高90厘米作为书房，底层则是丰富的收纳空间，正面是活动拉柜与开门收纳柜，台阶也化作一个个的抽屉。不仅在有限的面积中区分空间，多重功能的设计也让空间使用更有效率。

图片提供：曾建豪建筑师事务所/PartiDesign Studio

448

架高地板界定手工、阅读区域　为满足业主喜爱做手工与阅读书籍的需求，设计师利用客厅一侧区域规划开放的架高书房，通过仅10厘米的高度，实现空间的转换与界定，未来也能利用薄床垫将区域变更为客房使用。

图片提供：亚维空间设计坊

447

架高地板须考虑上方抗压耐重的能力，各柜体与楼梯抽屉的木工施工需补强结构，避免收纳抽取时上方板材因抗压性不足导致塌陷。

448

架高地板整体为南法乡村风格，选用纹理较为粗犷、色调沉稳的超耐磨木地板。

■重点对小面积的住宅或商用空间而言，塑胶地板非常适用。

449

塑胶地板质朴且实用 塑胶地板具有耐刮的优点，易于整理，且能制造犹如水泥地板的视觉效果。沙发采用贴地设计时，让底座架高木板一路延伸，可成为展示台面，搭配陈列花卉或悬吊装饰，丰富端景画面。

图片提供：欣馨石建筑·空间规划事务所

450

架高区仅以13厘米左右的高低差区隔空间，并于侧边规划LED光带，赋予空间轻盈感。

450

LED光带营造架高区的轻盈感 运用深色柜体加深原本的临窗∏字形凹槽，开阔视野，令其成为更加完整的餐厅旁休憩区。与平面空间的灰色石材地面区隔，临窗区铺贴白色石材架高地面，并利用灰色石材的倒L形茶几打破两边交界，达到既独立又融合的和谐感。

图片提供：奇逸空间设计

451

451

阶梯创造别墅的3D层次感 这是一个老屋翻修的案例，设计师利用弧形阶梯来串联架高地板上的餐厅，让原本处在同一平面的客厅与餐厅的地面变立体了，再搭配拱门与木扶梯等风格元素，创造出别墅感的层次格局。

图片提供：浩室设计

仅以能前后采光的空间局用地板的高低差取代隔间墙，让客厅、餐厅都保有通透、宽敞的空间。

452

在雪白的空间中注入温度 北欧设计强调简约留白，同时兼具温度，选择不规则凹凸面的白色壁砖为营造北欧国度的雪白色调，再以木纹砖地板烘托温暖氛围。地面以高低差实现干湿分离并防止水溢出，舍去淋浴拉门，仅以玻璃挡水，为小浴室争取更多的空间。

图片提供：CONCEPT北欧建筑

453

挡一座书房，垫一方会客区 房间的长型格局不需隔间或墙面，也能创造多元的使用空间！设计师利用书桌隔出开放式的阅读空间，书桌成了床头背板。架高30厘米的地面，制造出具有收纳功能的榻榻米区域。

图片提供：相即设计

452

 木纹砖的表面粗糙，具有防滑效果，同时通过门槛防止流水外露。

453

 利用架高的空间设置电动升降桌，让榻榻米既是休憩空间，同时也是娱乐交谊场所。

454

要点 公共空间的小朋友专属游戏区的开放视角让父母能安心照护。

454

公共空间规划小朋友专属游戏区 从客厅、休息区到小朋友的游戏区铺设超耐磨木地板，而在游戏空间特别提高地面的设计，明显给此区域带来专属感。但开放式的设计又可兼具宽敞感，紧贴墙面的收纳书墙也为居家空间提升了人文感受。

图片提供：大雄设计Snuper Design

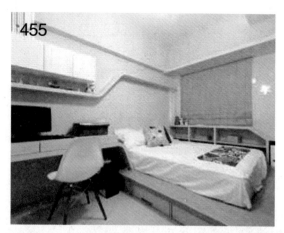

455

455

可满足孩子成长需求的架高床区 儿童房采用2米宽的架高超耐磨地板作为床架使用，最大可放得下双人床垫，能随着孩子成长随时替换。高度设定为一个台阶高，方便上下的同时也能规划抽屉。书桌采用橡木洗白呈现清爽视觉感受，形成房间中最有存在感的L形结构。

图片提供：九思室内建筑事务所

要点 下方抽屉可借由装设3段加长杆或下滚轮等五金，可最多规划约90厘米抽屉深度。

以增加储藏量为目的，架高地板有将近45厘米的高度，甚至延伸至衣柜内部，就能轻松摆放帐篷用具。

456＋457

架高45厘米设置收纳、休憩功能　从原本的旧楼搬到电梯大楼，业主最大的困扰就是该如何摆放露营用具，当面积无法改变时，就利用架高地面来创造小型储藏室，同时又能兼具客房、游戏室等多元功能。

图片提供：亚维空间设计坊

458

卧榻增加收纳功能，舒适度也更高　卧房的地面处理在窗边有了不同作法，通过架高地面设置卧榻，为畸零空间找到规划方案，也在卧榻下方以抽屉增加收纳空间，满足休憩与储物两种功能需求。

图片提供：境庭国际设计

考虑到拿取的便利性，仅在卧榻前端规划收纳抽屉，每个抽屉宽45厘米、高27厘米、深50厘米。

459

木纹地砖点缀温暖的休憩角落 餐厅后侧规划书房休憩区，除了以玻璃拉门做出穿透性区隔外，地面还铺贴仿木纹砖，有别于客厅沉稳的灰色地转，配衬翠绿沙发单椅，组成自然清新的小角落。

图片提供：怀生国际设计

460

深浅不同色块界定空间 以地材取代地毯，做出区域分界，在餐厅铺陈木地板展现沉稳氛围，并从地面连接深色立柜，带来一体的视觉感受。和客厅瓷砖的明亮柔和相映，更显大气。并在深浅对比之下，廊道有了延伸的效果。

图片提供：大雄设计Snuper Design

459

 要点　目前市面上的仿木纹砖越来越逼真，可使用仿木纹砖取代木地板，解决不同材质的过渡问题。

460

要点　利用木地板和瓷砖区分餐厅和客厅范围，深浅地板色块展现明显对比。

461

462

重点 架高地板选用编织地毯，属于软性材质，小朋友玩耍更为安全，且不会滋生尘螨，也能用水擦拭，保养十分方便。

重点 沿阳台施工一整条约80厘米宽的水泥地面，暗示玄关区域。

461

无接缝编织地毯玩耍更安全 设计师将相邻餐厨的空间规划为多功能室，略架高8厘米的设计，形成一个趣味的长方盒体，既可以是游戏室，也可以是客房，孩子在此玩耍也能让做饭的母亲方便照料。
图片提供：水相设计

462

清爽自然的水泥地坪 整修将近20年的老公寓，拆除玄关与客厅实墙，重新翻新地面。在入门廊道铺设水泥粉光，与客厅的木地板做出区隔，暗示区域的转换。淡雅的木色和清浅的灰色地面相互映衬，整体空间流露清爽自然的气息。
图片提供：里心设计

463

重点 除非刻意做成和室，否则不宜将地板架得过高，适合高度最好在15～20厘米。

463

利用段差转换空间情绪 以开放式做空间规划，因此除了必要的隔墙外，空间可运用架高地板做区隔。架高地板选用质感温润的海岛型橡木地板，仅踩踏起来相当舒适，而且席地而坐也很温暖舒适。
图片提供：明代室内设计

464

靠窗平台打造闲适休闲角落　靠窗区域虽有多余空间，但并不好利用，因此设计师将其架高，做出一个约15厘米高的小平台，借此与主空间做出区隔，并利用具有质朴感的海岛型烟熏橡木地板，营造悠闲小角落的温馨、悠闲氛围。

图片提供：明代室内设计

465

地平面如板块般高低错落　地面为植入管线而架高16厘米，产生的高低差成为视觉上不同属性空间划分的依据。由有棱有角却充满细节的车身线条产生设计灵感，地面和天花板造型都各有特色，但依然彼此串联。

图片提供：TBDC台北基础设计中心

要点　刻意选用颜色偏深的海岛型烟熏橡木地板，增加浅色地面重量，借此让空间自然散发沉稳感。

要点　天花板的镂空造型设计使垫高的区域有更宽广的视觉效果。

466

巧妙设计满足收纳需求 利用卧榻设计，将原本难用的畸零空间有效利用，并在卧榻下方规划收纳空间，满足小面积的收纳需求。由于深度不够且上掀设计难免会因为要移动家具而变得麻烦，因此采用拉抽方式，让屋主在使用时能更加顺手、便利。

图片提供：拾雅客空间设计

467 + 468

是走道，也是桌台 由于面积仅有33平方米，设计师根据室内高度争取更多样的生活休闲功能。利用厨房后方近窗的区域，以带状延展的架高地板作为过道流转空间，同时也是客人来时的最佳坐卧区域。不仅如此，地面下方还搭配升降桌，巧妙变出一张桌台，满足了阅读书写需求。

图片提供：馥阁设计

要点 拉抽式收纳设计需考虑跨距，太宽可能造成承载力不足，抽屉长度也不宜太深，避免抽拉时难以使力，反而不利于使用。

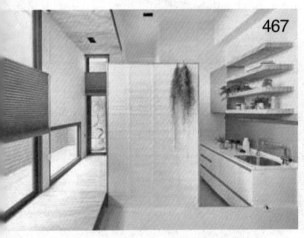

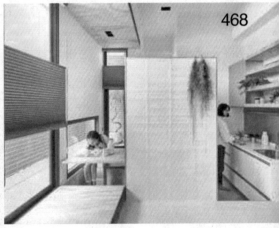

要点 地面内藏升降桌，多种用途消除小面积空间的不足。

469

要点 架高廊台兼有海量的储物空间，同时靠近客厅处暗藏视听设备，最末端通往卧房，巧妙连接公私区域。

470

469+470

可坐可卧也能收纳的架高廊台 伴随孩子成长空间的规划需要一定的灵活性，跨越客厅与餐厅的700厘米长、90厘米宽的架高廊台，既可作为座椅使用，也是小朋友最佳的游戏空间，让每个人都能找到属于自己的角落。

图片提供：日作空间设计

471

走道加宽方便进出 由于家中有长辈,在最常进出的玄关设计隐藏式的鞋柜和多功能柜,保证玄关走道的干净畅通。宽阔的走道和较低的落尘设计使长者无论走路或坐轮椅进出都方便。

图片提供: 明楼室内装修设计

471

 地面选用水泥粉光平铺,并施工落尘区,约6厘米的落差度,即便是使用轮椅都能顺利通过。

472

兼具照明功能的地面设计 运用黑色木地板为书房空间划分界线,强烈的黑白对比制造视觉冲突。最引人注目的地方在于设计师在切开地板埋管线后,并未将地板复原,反而嵌入灯管,让地上多了一道光束,成为夜间的最佳指引。

图片提供: 界阳&大司设计

472

通过激光切割留出管线位置,表面再以强化玻璃覆盖。

473

重点　水泥粉光铺陈的平台表面需施工保护层，避免有粉尘砂粒的产生。

473

兼具楼梯与活动空间功能的水泥平台　水泥铺面的区块既是楼梯也是可随兴利用的空间平台。与沙发同高，可作为卧榻或临时座位，一旦有客人前来都能有足够的空间。搭配以铁件、木材搭建的楼梯，除了缓和大片水泥形成的冷冽风格，也在视觉上延伸了整体空间。

图片提供：相即设计

474

架高大理石地面创造坐卧功能
希望将53平方米的房子打造成住办合一的空间，让工作室也能有家的感觉。因此单独挪出沙发休息区，天花板采用细腻的古典线板，对应细致的人字拼地板和架高的大理石地面，坐卧随意的设计，为空间创造出温柔的气息。

图片提供：甘纳空间设计

474

重点　地面略微架高，透过嵌入墙面的施工方式，足以支撑厚重的大理石材。

475

◆ 重点 沿地板四周装设灯盒，再通过地面瓷砖的反射，让光线得以向外漫射。

475

提升地板高度，嵌入灯管暗示方位 设计师将卧房地板做出高低不同的两种层次，丰富地面线条，并在较高地板下安装层板灯，虽不具备直接照明的作用，却能营造温馨的氛围，让床铺区宛如飘浮在空中一般，同时层板灯也具有暗示方位的功能，避免不慎跌倒。

图片提供：界阳&大司设计

476

不同地面划分空间功能区 空间面宽不够又太过深长，考虑到招呼客人与注意客人动向的方便性，因而顺应地面高度，将吧台移至长形空间的中段位置，分别施工水泥粉光和马赛克砖，借此划分空间功能区。

摄影：叶勇宏

476

◆ 重点 由于进出频繁，通过地面转折提示空间过渡，并选用耐磨耐脏的水泥地面，方便整理清洁。

477

木石转换划分空间区域　玄关石材延伸至公共区域，以客厅为中轴线，与餐厅相对称，暗示着不同区域的分布。而在客厅采用木地板，和壁、门、柜、框打造出同材质空间，使客厅相对独立，有效划分空间的过渡区域。

图片提供：近境制作

478

架高地板围出私人区域　不希望实体隔墙阻断视线，但又希望拥有明确的功能分区，这是人们在装修过程中常常面临的矛盾。因此设计师以几何切割的架高地板结合玻璃隔间的形式划分如同玻璃屋的书房，打造独立的私人区域。

图片提供：演拓空间室内设计

477

要点　中央改以木地板铺陈，搭配矮桌，打造可随意坐卧的悠闲空间。

478

要点　架高的地板边缘可以坐卧，或者加装照明以增加飘浮感，不过施工时要注意龙骨是否够密够扎实。

479

架高地板一方面巧妙地将落地窗框的台度遮挡，制造出向外延伸的错觉，同时也增加了地板的收纳功能。

479

架高休憩坐享城市天际线 26楼的高楼层视野极佳，加上房子座向朝南，室内有充足的光线与适宜的温度，于是设计师在临窗面利用架高地板创造出休息区，由于地面与天花板的距离缩小，人会不由自主地想坐着休息，而推油处理的柚木为业主带来自然放松的触感。

图片提供：日作空间设计

480

480

松木架高平台兼具创作、互动和休憩功能 儿童房通过桌面、地板的延伸，创造出弹性且多元的使用功能，架高地板的另一头则是烤漆玻璃，可书写画画，而且不止一人使用，还能让孩子与同学共同创作、互动，甚至是当作床来使用。

图片提供：日作空间设计

架高地板的临窗面增加收纳功能，方便喜爱画画的孩子摆放各式画具，且地板特别选用较软的松木，玩耍跌倒也稍有保护作用。

481

一横一纵的木线条界定区域 想借地板
设计来为空间分区，除了利用高低差、变换
建材外，最简单的就是改变地板拼贴图案，
例如此案在玄关与室内的木地板采用一横一
纵的改向拼贴工法，就能让内外明显分区。

图片提供：浩室设计

482

磨石子地板解决了落尘与脏污 玄关地
板选择以磨石子工法设计，可明显与室内木
地板形成一冷一暖的反差，同时也呈现出休
闲的自然氛围。另外，磨石子因不显脏、容
易清理，也更适合于用于玄关落尘区。

图片提供：尚展设计

481

由于同样选用了木地板，因而在色调上仍
有延续感，也避免空间因切割而显小。

482

磨石子地板为早期常用，但近年来
越来越少见，不只工法较贴砖更
难，造价也更高。

483

484

重点 嵌灯外部需加强边缘的密合度，避免水汽渗入。

重点 由于空间较小，靠墙设置升降桌，留出四周通道和座位区。

483

安全的阶梯照明 将室内空间延伸至阳台，在木质地板上错落安置的户外落地灯，创造一方绿意天地，营造静谧氛围。为了夜间行走更加安全，阶梯下方装设照明，同时地面通过连成一线的嵌灯有效引导动线。

图片提供：奇逸空间设计

485

重点 卧寝区和入门廊道区分别采用垂直和水平木纹，暗示功能的转换。

484

暗藏灯光的安全照明 以架高木地板来区隔书房及客厅，并设计可升降式书桌，灵活变化书房的使用方式。一旁的书柜采用悬吊处理，搭配灯光有效减轻柜体量感。而架高木地板的台阶也隐藏灯光，与书柜光源连成一线，成为夜间动线的指引照明。

图片提供：明楼室内装修设计

485

木地板通铺回应长辈习惯 爷爷奶奶习惯跟孙子一起睡，因此以通铺概念进行规划，略微架高的地板让空间分界又不会造成行动上的不便，温润的木地板给予长辈最舒适的触感，也满足他们偏好睡硬地板床的喜好。

图片提供：明代室内设计

486

架高地板，使用更灵活 客房区以架高地板的方式取代床组，可视需求当作睡眠或单纯的休憩区域，让使用的灵活度更高，选用与木地板相同的木材，将木材的温润质感延续到床头。架高下方空间则顺势做成收纳空间，方便收纳客房的寝具等杂物。

图片提供：明楼室内装修设计

487

通过架高吧台区地面划分区域 业主喜欢摄影，设计师将大部分的空间以水泥粉光地板铺陈，而吧台和休息区地面改以锈铜木纹砖，刻意架高的吧台让摄影区和休憩区明显划分，不仅可以营造氛围，也有界定空间的作用。随机的地坪花纹带来视觉的律动感，也为整体空间定下风格基调。

图片提供：摩登雅舍社室内设计

486

 要点　分割成四个收纳格，避免跨距过宽而让架高区踩踏时有凹陷的危险。

487

要点　约架高10厘米的平台，正好做成高度适宜的台阶，自然悠游其中，不受拘束。

488

489

要点　为了方便长辈进出，地面架高约20厘米。

要点　干、湿两区分别选用木纹砖和雾面地砖，易吸水的砖面特性让行走更加安全。

488

架高地面确定佛堂区域　在公共区域辟出空间，通过架高地面，划分出佛堂与厅区的范围。同时设计推拉门，平常关上拉门可专心打坐，也可在来客人时作为临时客房。开阖自如的设计，让空间运用更为方便。

图片提供：明楼室内装修设计

489

地面高差防止水流流散　由于业主习惯在浴室内梳妆，因此利用地面小幅高度差划分出以梳妆与洗脸台为主的干、湿两区，稍稍抬高的地面，有效让水流不致流散。大理石洗手台一路向外延伸转折至梳妆台，一体成型的造型有效拉伸空间视觉。

图片提供：艺念集私空间设计

490

要点　架高的地面除了能提供座位，内部也隐藏电线管路，方便客人使用。

490

架高地面增加座位数量　将地板架高并采用粗犷的H形钢做格栅，让位于房子楼梯处的长型畸零空间恰好形成一个极具隐秘感的座位区，同时也有效增加座位数量，将空间坪效运用到最大值。白色墙面则利用图片、杂货等点缀，让原本的畸零角落变得更为有趣。

摄影：叶勇宏

491

赋予地面收纳功能 在仅有50平方米的空间中，将原有卧房隔间拆除，作为开放的公共空间使用。在整体宽度稍显不足的情况下，善用空间的长度优势，沿墙面设置柜体并于地面设计架高地板，不仅可作为卧榻使用，下方也藏有大型收纳区域，赋予多重功能。

图片提供：原晨室内设计

492

地坪升高，确定空间范围 客厅空间同时也是玄关、书房与餐厅的延伸，利用地坪材质和高度的转换，区隔出玄关与餐厨空间。以沙发为中心点，孩子向前可与在厨房做饭的妈妈聊天，妈妈向后可以关心写作业的小孩，家人互动更加紧密。

图片提供：明代室内设计

491

看点　地坪架高50厘米，增设可抽拉的抽屉，有效增加收纳量。

492

看点　选用柚木地板小幅架高地面，界定空间中的功能单元。

493

上掀式与抽拉式收纳柜，让空间极致使用　靠窗
畸零空间以卧榻设计有效利用，并在架高的卧榻下方
顺势打造收纳空间，考虑高度与小朋友身高接近，因
此规划成小朋友专用收纳区，并以上掀式与抽屉式收
纳柜交互搭配，方便使用也不至于让卧榻看起来过于
沉重。

图片提供：明楼室内装修设计

493

494

简洁静谧的现代和风　沿过道设计开放和室，透过
层叠高架地板的设计，融入浪漫的阶梯灯光，可作为
行走的安全提示。置中的升降桌可随时隐藏，让和室
也能成为临时卧房，提供全方位的休憩享受。

图片提供：艺念集私空间设计

要点　抽屉过深不便于抽拉，因此抽屉深
度做至45～50厘米，剩余空间则
改为上掀式收纳柜。

494

要点　升降桌高度需事先经过计算，考虑是否留出放脚的空间。

495

重点　挑选不发热、耐用的LED灯，不仅节能，也有效防止儿童误触烫伤。

495

地面围绕间接照明，凝塑场域

客厅与餐厨区之间，原本就存在着两阶的高低差，设计师索性将其中一阶沿墙90度转折延伸，搭配阶下方的LED光带，让台阶摇身一变成为状似飘浮的多功能平台，不仅可以放置艺术品，同时也成为客厅区域的边界。

图片提供：艺念集私空间设计

496

口字形光沟暗示动线方向　私人区域的廊道规划为瑜伽、音乐、健身等多功能休闲区域，光沟线条由立面转折延伸成口字形，从地面、墙面至天花板提供有效的全面性照明，暗示动线方向。

图片提供：界阳&大司设计

重点　地面的光沟表面需以强化玻璃保护，避免来回踩踏造成损坏。

497

重点　选用大理石增添入门气势，下方部分挖空，留出拉门轨道。

497

高低落差设计界定区域　从入口开始即以银狐大理石作为地面，抛光面白色大理石为空间带来精致高雅的质感，高低落差设计不仅界定区域，也成为可随兴坐卧的平台。主要生活空间改以触感舒适的实木地板铺设，让人随着不同材质的转换而感受到不同的空间风格。

图片提供：沈志忠联合设计/建构线设计

498

微升高度，转换成休憩区域　电视墙采用半墙设计，使视觉延伸至后方的休憩空间，微微架高的地面，暗示区域转换，也将休憩空间独立出来，即便有再多的客人都容纳得下。同时搭配可移动的桌台，让业主随需求使用。

图片提供：大雄设计Snuper Design

498

重点　架高区的木地板以与客厅地板相垂直的方向铺设，同时以约8厘米的高度区分空间。

499

在客厅也能享受泡脚乐趣 这是一间当作度假屋使用的房子，由于业主希望能随时都有放松休闲的区域，又能与大家互动，因此特意规划一方泡脚池满足业主需求。内嵌于地面的水槽与地面无缝接轨，方便掀盖的设计，有助收整空间线条。

图片提供：馥阁设计

500

高低落差暗示室内外分界 考虑到玄关区域面临灰尘的囤积，设计师特别将客厅架高2.5厘米来阻绝灰尘，用时也有室内外过渡转换的作用，材质的选用上也刻意以粗犷板岩砖与温润木地板作对比，强化室内外的区别。

图片提供：日作空间设计

需事先考虑好排水设计，避免内部发生溢水情形。

大量的木材使用容易让人产生燥热感，板材砖在此有平衡、降温的视觉作用。

《设计师不传的私房秘技：天花板·地板设计500》

中文（简体）版©2017天津凤凰空间文化传媒有限公司
本书经由厦门凌零图书策划有限公司代理，经台湾城邦文化事业股份有限公司麦浩斯
出版事业部授权，授予天津凤凰空间文化传媒有限公司中文（简体）版权，非经书面
同意，不得以任何形式任意重制、转载。本著作仅限中国大陆地区发行。

版权合同登记号/14-2017-0480

图书在版编目（CIP）数据

打造理想的家．天花板·地板设计 / 漂亮家居编辑
部著．-- 南昌：江西科学技术出版社，2018.2
　　ISBN　978-7-5390-6106-1

　　Ⅰ．①打… Ⅱ．①漂… Ⅲ．①顶棚－室内装饰设计②
地板－室内装饰设计 Ⅳ．①TU238

　　中国版本图书馆CIP数据核字(2017)第252969号

国际互联网（Internet）	责任编辑　魏栋伟
地址：http://www.jxkjcbs.com	特约编辑　李若愚
选题序号：ZK2017291	项目策划　凤凰空间
图书代码：B17101-101	售后热线　022-87893668

打造理想的家　　天花板·地板设计　　　　漂亮家居编辑部　　著

出版 发行	江西科学技术出版社
社址	南昌市蓼洲街2号附1号
	邮编：330009 电话：(0791)86623491 86639342(传真)
印刷	北京博海升彩色印刷有限公司
经销	各地新华书店
开本	710 mm×1 000 mm　1／16
字数	144 千字
印张	15
版次	2018年2月第1版　　2024年1月第2次印刷
书号	ISBN 978-7-5390-6106-1
定价	76.00元

赣版权登字－03－2017－366